甘肃省决策气候服务材料汇编

（2006—2018 年）

主　编：马鹏里
副主编：方　锋　赵红岩　王有恒

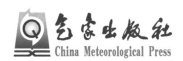

气象出版社
China Meteorological Press

内 容 简 介

本书收录了 2006—2018 年兰州区域气候中心在气候服务方面的 48 份决策服务材料,内容涉及气象防灾减灾、生态文明建设、脱贫攻坚与现代农业、极端气候事件影响及评估四部分。这些决策服务材料在甘肃省委省政府和相关部门重大战略决策和部署中发挥了重要作用,服务效果显著,并对省内外决策气候服务工作有借鉴作用。

本书的出版对于加强省内外决策气象服务人员业务交流,启发和拓展服务思路,提高服务的敏感性、针对性和科学性具有更好的借鉴和参考意义。

图书在版编目(CIP)数据

甘肃省决策气候服务材料汇编 : 2006—2018 年 / 马鹏里主编. — 北京 : 气象出版社,2019.11

ISBN 978-7-5029-7061-1

Ⅰ.①甘… Ⅱ.①马… Ⅲ.①气象服务-决策学-甘肃-2006-2018-文集 Ⅳ.①P49-53

中国版本图书馆 CIP 数据核字(2019)第 216794 号

甘肃省决策气候服务材料汇编(2006—2018 年)

Gansusheng Juece Qihou Fuwu Cailiao Huibian(2006—2018Nian)

出版发行:气象出版社	
地 址:北京市海淀区中关村南大街 46 号	**邮政编码**:100081
电 话:010-68407112(总编室) 010-68408042(发行部)	
网 址:http://www.qxcbs.com	**E-mail**: qxcbs@cma.gov.cn
责任编辑:陈 红 栗文瀚	**终 审**:吴晓鹏
责任校对:王丽梅	**责任技编**:赵相宁
封面设计:博雅思企划	
印 刷:北京建宏印刷有限公司	
开 本:787 mm×1092 mm 1/16	**印 张**:12
字 数:307 千字	
版 次:2019 年 11 月第 1 版	**印 次**:2019 年 11 月第 1 次印刷
定 价:70.00 元	

本书如存在文字不清、漏印以及缺页、倒页、脱页等,请与本社发行部联系调换。

前　　言

　　甘肃省地形复杂,气候类型多样,是我国生态环境脆弱区和气候变化敏感区。近几十年来受气候变暖影响,气象灾害及其引发的次生灾害损失日益加剧,对甘肃省社会经济发展和生态文明建设造成严重影响。认清气候变化背景下甘肃气候及其变化新特征与新规律,准确掌握其对经济社会的影响并采取相应对策,显得更加迫切与重要。

　　兰州区域气候中心坚持以地方需求为导向,主动将工作重心融入甘肃省委省政府关于防灾减灾、生态文明建设和精准扶贫等领域。积极发扬气象人精神,牢固树立责任意识和服务意识,加强分析与思考,充分发挥气候监测、预测、气候资源评估和开发利用等行业优势,认真开展气候对农牧业生产、风光水资源及生态环境等各方面的影响评估。面向政府管理决策部门的需求,为甘肃省生态安全、政府决策和社会公众提供全方位、多层次、精细化的高质量服务,为经济社会持续良好发展提供了有力的保障,多次获得甘肃省委省政府及中国气象局领导批示表扬和肯定。

　　为促进气候决策服务经验交流,兰州区域气候中心对近些年来撰写的 200 多份决策服务材料进行了专家评选,遴选出 48 篇汇编成书。材料汇编涉及气象防灾减灾、生态文明建设、脱贫攻坚与现代农业、极端气候事件影响及评估 4 部分内容。

　　本书汇编过程中,得到国家气候中心、兰州大学、甘肃省气象局相关处室、兰州中心气象台、甘肃省气象信息与技术装备保障中心、中国气象局兰州干旱气象研究所、武威市气象局、甘南藏族自治州气象局和定西市气象局的大力支持与协助,在此一并表示感谢!

编者

2019 年 8 月于兰州

目　录

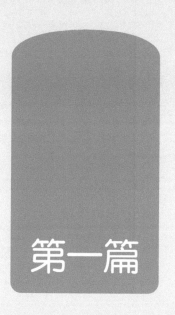

第一篇

气象防灾减灾

积极应对气候变化,
加强气象防灾减灾,推进生态文明建设

马鹏里　王有恒　丁戈刚　赵红岩　韩兰英　林婧婧

万信　张旭东　贾建英　梁芸

(2014 年 9 月 6 日)

引言:气候变化正在深刻地影响着人类的生存与发展,是当今国际社会共同面临的重大挑战。我国气候条件复杂,生态环境脆弱,是受气候变化影响最为严重的国家之一。21 世纪以来,我国气候变化呈现出新的特点:暴雨、台风、高温干旱等极端天气气候事件趋多趋强,影响程度加重,对国家经济安全、粮食安全、水资源安全、生态安全、能源安全、重大工程安全提出了新的挑战。党的十八大提出"加强防灾减灾体系建设,提高气象、地质、地震灾害防御能力",这是我们党对气象防灾减灾形势的科学研判,是对气象防灾减灾重要地位的准确定位,是对做好气象防灾减灾工作的更高要求。

气候是自然生态系统的重要组成部分,认识、利用和保护气候正是积极应对气候变化,加强气象防灾减灾,推进生态文明建设的内在要求。党的十八大把生态文明建设纳入中国特色社会主义事业"五位一体"总体布局,全面系统阐述了加强生态文明建设的总体要求、重点任务和实现途径,为统筹人与自然和谐发展指明了前进方向。这标志着我们党对中国特色社会主义规律的认识达到了新高度,是对人类文明的又一次重大贡献,具有战略性、时代性、方向性、思想性和标志性特征。我们必须深入贯彻落实党的十八大精神,树立尊重自然和保护自然的生态文明理念,积极应对气候变化,加强气象防灾减灾,推进生态文明建设。

一、气候变化事实、影响及应对

天气是指短时间(几分钟到几天)发生的气象现象,如刮风、下雨、雷电等。

气候是指某一长时期内(月、季、年、数年到数百年及以上)气象要素(如温度、降水、风等)和天气现象的平均或统计状况,通常由某一时段内的平均值以及与平均值的离差(距平值)表征,主要反映一个地区的冷、暖、干、湿等基本特征。我国是典型的季风气候国家:降水南多北少,旱涝分明;降水时空分布不均,年际差异大;冬冷夏热,气温年较差大;气候类型复杂多样,有热带季风气候、亚热带季风气候、温带季风气候、温带大陆气候、高山高原气候等;气象灾害种类多,影响大。

气候变化是指气候平均值和气候离差值出现了统计意义上的显著变化。平均值的升降,表明气候平均状态的变化;气候离差值增大,表明气候状态不稳定性增加,气候异常愈明显。

气候变化的原因分为自然原因和人为原因。自然原因包括自然变率、太阳活动、火山活动、陆地及海洋等;人为原因包括人类活动导致的温室气体排放、气溶胶、土地利用和城市化等。

温室效应是指二氧化碳、甲烷等温室气体吸收地表长波辐射,使大气变暖,与"温室"作用相似。若无"温室效应",地球表面平均气温是零下18℃,而非现在的零上15℃。

(一)全球气候变化的观测事实及其影响

作为国际上权威的气候变化领域学术评估组织,政府间气候变化专门委员会(IPCC)于1988年由世界气象组织和联合国环境规划署联合建立,其主要任务是组织学术团队评估气候变化科学认识、气候变化影响以及适应和减缓气候变化的措施选择。IPCC 于1990年、1995年、2001年和2007年先后完成了四次评估报告,所给出的全球气候变化问题的最新评估结论,已成为国际社会应对气候变化的主要依据。2013年9月IPCC发布了第五次科学评估报告,阐述了气候变化的最新事实和气候变化的影响。

全球气候变暖是观测到的事实。1880—2012年全球地表平均温度上升了0.85℃,陆地增温比海洋快,高纬度地区增温比中低纬度地区大,冬半年增温比夏半年明显。1998年以来,气候变暖的速率趋缓。全球气候变化以全球平均气温波动式变化、呈升温趋势为特征,全球气候变暖的总体趋势并没有因个别地区某个时段出现的冷事件而发生改变。2013年全球平均气温较常年(1961—1990年)偏高0.50℃,与2007年并列为1850年有记录以来的第六个最暖年,处于持续偏暖阶段。

人类活动是全球气候变暖的主因。世界气象组织2013年发布的最新监测数据显示,过去40年人为排放的温室气体总量约占1750年以来总排放量的一半,最近十年是排放增长最多的十年。20世纪50年代以来全球气候变暖一半以上是由人类活动造成的,这个结论的可信度由2001年的66%以上上升为2013年的95%以上。温室气体继续排放将会造成地球大气进一步增暖,与1986—2005年相比,2016—2035年全球地表平均温度可能升高0.3~0.7℃;2081—2100年可能上升0.3~4.8℃。

气候变化已经对自然生态系统和人类社会产生了广泛影响。

水资源。很多地区的降水变化和冰雪消融正在改变水文系统,并影响到水量和水质;许多区域的冰川持续退缩,影响下游的径流和水资源;高纬度地区和高海拔山区的多年冻土层因气候变暖而在融化着。对全世界200条大河的径流量观测揭示出,有三分之一的河流径流量发生趋势性的变化,并且以径流量减少为主。

生态系统。部分生物物种的地理分布、季节性活动、迁徙模式和丰度等都发生了改变。1982—2008年北半球生长季的开始日期平均提前了5.4天,而结束日期推迟了6.6天;2000—2009年全球陆地生产力较工业化前增加了约5%,相当于每年增加了(26±12)亿吨陆地碳汇。部分区域的陆地物种每10年向极地和高海拔地区平均推移了17千米和11米。

粮食生产。气候变化对粮食产量的不利影响比有利影响更为显著。小麦和玉米受气候变化不利影响相对水稻和大豆更大。气候变化导致的小麦和玉米减产平均约为每10年1.9%和1.2%。

人体健康。气候变化可能已促使人类健康出现不良状况,但与其他胁迫因子的影响相比,因气候变化引起健康不良的影响相对较小。

极端天气气候事件频繁如热浪、干旱、洪水、热带气旋等。显示了自然生态系统和人类社会对气候变化的脆弱性。气候灾害可能加剧一些地区原有的冲突和压力,影响生计(特别是贫困人口),并使一些地区的暴力冲突加剧,从而进一步降低当地对气候变化不利影响的适应能力。报告认为,除自然生态系统的被动适应外,人类社会也正基于观测和预测到的气候变化影响,制定适应计划和政策,采取了一些主动适应的措施,并在实施过程中不断积累经验,实现发展。

全球气候变化影响仍将持续,影响加重。IPCC 预计,与 1986—2005 年相比,2016—2035 年全球地表平均温度将可能升高 0.3~0.7℃,到 21 世纪末将升高 0.3~4.8℃,人为温室气体排放越多,增温幅度就越大;热浪、强降水等极端事件的频率将进一步增加;全球降水将呈现"干者愈干、湿者愈湿"的趋势,与厄尔尼诺现象密切相关的区域降水变率可能增大;海洋上层温度将升高 0.6~2.0℃,热量将从海表传向深海,并影响海洋环流;海平面将上升 0.26~0.82 米;每年 9 月北极海冰面积将可能减少 43%~94%,北半球春季积雪范围将可能减少 7%~25%,全球冰川体积将可能减少 15%~85%;海洋对碳的进一步吸收将加剧海洋酸化现象。

随着温室气体浓度的增加风险将显著增加,21 世纪许多干旱亚热带区域的可再生地表和地下水资源将显著减少,部门间的水资源竞争恶化。升温每增加 1℃,全球受水资源减少影响的人口将增加 7%。21 世纪生态系统将面临区域尺度突变和不可逆变化的高风险,如寒带北极苔原和亚马孙森林;21 世纪及以后,加之其他压力作用,大部分陆地和淡水物种面临更高的灭绝风险。21 世纪粮食生产与粮食安全将面临气候变化的挑战,如果没有适应,气候变化将对热带和温带地区的主要作物(小麦、水稻和玉米)的产量产生不利影响;到 21 世纪末粮食产量每 10 年将减少 0~2%,而预估的粮食需求到 2050 年则每 10 年将增加 14%。21 世纪海岸系统和低注地区将更多受到海平面上升导致的淹没、海岸洪水和海岸侵蚀等不利影响;由于人口增长、经济发展和城镇化,未来几十年沿岸生态系统的压力将显著增加;到 2100 年,东亚、东南亚和南亚的数亿人口将受影响。气候变化将通过恶化已有的健康问题来影响人体健康,加剧很多地区尤其是低收入发展中国家的不良健康状况。

要控制全球气候变暖,必须大幅减少温室气体排放。未来全球气候变暖的程度,主要取决于全球二氧化碳的累积排放量。如果将工业化以来全球温室气体碳的累积排放控制在 1 万亿吨,那么人类有三分之二的可能性能够把升温幅度控制在 2℃(与 1861—1880 年相比)以内;如果把累积排放限额放宽到 1.6 万亿吨,那么只有三分之一的可能性实现温控目标;到 2012 年人类已经累积排放了 0.55 万亿吨碳。

可以说,气候变化已成为非传统因素的国家安全问题,涉及政治、经济、军事、环境、外交、科技等诸多方面,已经引起国际社会和各国政府的高度重视。

(二)我国气候变化的观测事实及其影响

我国气候变暖趋势与全球基本一致。中国气象局《中国气候变化监测公报(2012 年)》的结果显示,近百年来我国地表平均温度上升了 0.91℃。最近 60 年气温上升尤其明显,平均每 10 年约升高 0.23℃,几乎是全球的两倍,其中以北方增温最为明显。21 世纪前 10 年是近百年来最暖的 10 年。

降水分布格局发生了明显变化。近 50 年来,西部地区降水增加 15%~50%;东部地区频繁出现"南涝北旱",华南地区降水增加 5%~10%,而西北东部、华北和东北大部分地区减少 10%~30%。我国年平均雨日呈下降趋势,其中小雨日数减少了 13%,但暴雨日数增加了

10%。夏季我国主雨带位置出现明显的变化。20世纪50—70年代,我国主要多雨带位于华北地区,之后逐渐向南移动到长江流域和华南地区,21世纪以来雨带又开始北移。

极端气候事件的发生频率和强度变化明显。夏季高温热浪增多,特别是1998年以后,35℃以上的连续高温日数显著高于常年平均;区域性干旱加剧,近15年中等以上干旱日数东北增加37%,华北增加16%,西南增加10%;强降水增多,最近20年是继20世纪50年代之后长江和淮河流域洪水灾害的又一高发期;影响我国台风强度明显增加,21世纪以来平均每年有8个台风登陆,其中有一半是最大风力超过12级的台风或强台风(14级以上),与20世纪90年代相比分别增加了14%和1.4倍;21世纪以来全国平均雾日数和霾日数分别为16.1天和10.8天,与20世纪90年代前相比,雾日减少5.8天,霾日增加4.7天。

气候变化导致农业生产风险增加。农业是对气候变化最为敏感和相对脆弱的产业,气候变暖使得农业生产的热量条件有所改善,使农作物春季物候期提前,生长期延长,生长期内热量充足,作物生产潜力增加,二氧化碳浓度增加促进了光合作用,在一定程度上促进了作物的稳产高产。但不同地区气候变暖的程度和趋势不同,降水的时空格局变化也不相同。气候变暖会引起一些地区温度升高、旱涝出现频次增加,降水强度变异幅度加大等,将加大农业自然灾害发生的频次和强度,影响到作物生产潜力的发挥。气候变化对中国农业的影响利弊共存,以弊为主。东北水稻种植面积由于气候变暖扩展明显;冬小麦种植北界少量北移西扩,由于增温小麦需水量加大、冬春抗寒力下降;病虫害加重,其种类和世代增加、危害范围扩大;农业生产成本和投资将大幅增加,肥料、杀虫和除草剂投入增加;某些家畜发病率可能提高。

气候变化导致中国水问题严峻。中国主要江河流域降水、水面蒸发及实测径流发生了不同程度的变化,在一定程度上加剧了北方干旱地区水资源的供需矛盾;加剧了水环境恶化,使南方也存在水质性缺水。2009—2013年,黄河、松花江、辽河、海河、东南诸河、西北内陆河流域降水增加,长江、珠江、淮河、西南诸河流域降水减少。

气候变化导致我国自然生态系统风险增加。冻土变化导致长江、黄河源区以及内陆河山区生态系统退化。树种分布变化、林线上升、物候期变化、生产力和碳吸收增加、林火和病虫害加剧等;草地退化加剧;内陆湿地面积萎缩,功能下降。气候变化加重荒漠生态系统的脆弱形势,影响动物、植物和微生物多样性、栖息地以及生态系统及景观多样性,某些物种的退化、灭绝也与气候变化有关。

(三)甘肃气候变化事实及影响

(1)甘肃气候特征

甘肃是我国大陆的地理中心,是唯一包含西部干旱区、东部季风区和青藏高寒区三大自然区的省份。地形复杂,气候类型多,包括干旱、半干旱、半湿润和湿润区,是气候变化的敏感区和生态环境的脆弱区。降水稀少、年际波动大、地域差异显著。气象灾害种类多,损失重。风能、太阳能等气候资源丰富。

降水稀少、年际波动大、地域差异显著。全省平均年降水量300毫米,不足全国年降水量(632毫米)的1/2。年降水资源量1370亿立方米,排全国倒数第5位。其中,河西150毫米,不到全国的1/4;河东470毫米,接近全国的3/4。自东向西每100千米,年降水量减少100毫米。年际波动大,以兰州市为例,最多年的降水量(547毫米)是最少年(168毫米)的3.2倍。全省年降水量最少6毫米(敦煌,1956年),最多1162毫米(康县,1961年)。

日照充足、昼夜温差大。全省平均年日照时数 2500 小时,高于全国平均(2200 小时)。其中,马鬃山最多,达 3300 小时。年平均气温 8.1℃,比全国低 1.3℃。全省气温年较差最大 34℃,昼夜温差最大 16℃。极端最高气温 41.7℃(敦煌,1981 年 7 月 24 日),极端最低气温 -37.1℃(马鬃山,2002 年 12 月 25 日)。

气候资源丰富,风能、太阳能开发潜力大。甘肃省风能总储量居全国第三位,风功率密度大于 300 千瓦的技术可开发量 2.37 亿千瓦,可开发面积 6 万平方千米;太阳能储量大,尤其是河西走廊和甘南高原太阳能更丰富,荒漠平滩面积大,开发利用前景好。全省年太阳总辐射达 700 万亿千瓦。每年的预估发电量可达 300 亿千瓦时,相当于 3 座三峡水电站发电量。

(2)甘肃气候变化事实及影响

变暖幅度高于同期全球和全国平均水平。近 50 年来,甘肃省年平均气温的升温率为 0.26℃/10 年,高于同期全球(0.12℃/10 年)和全国(0.23℃/10 年)。甘肃省年平均气温升高了 1.4℃,河西升温高于河东,河西平均升高了 1.8℃。全省年平均最高和最低气温均为上升趋势,尤其年平均最低气温的上升幅度高于年平均最高气温,上升了 1.5℃。四季气温均呈上升趋势,冬季变暖最大,上升了 1.9℃。1997 年以后年均气温持续偏高。

年平均降水量总体呈减少趋势,但河西增多,河东减少。近 50 年来年平均降水量减少了 11 毫米,但区域降水变化差异大。河西 20 世纪 60—80 年代,降水处于少雨时段,但 90 年代至 2013 年降水处于多雨时段,平均增加了 31 毫米(增幅 21%);河东 20 世纪 60—80 年代是降水处于多雨时段,90 年代至 21 世纪初是降水显著减少时段,平均减少了 19 毫米,但自 2011 年开始降水有增多的趋势。

甘肃中东部地区气候干旱化趋势明显。与 20 世纪 60 年代相比,21 世纪以来干旱半干旱区总面积增加约 1.5 万平方千米,半湿润区面积增加约 1.0 万平方千米,湿润区面积减少约 2.5 万平方千米,甘肃省中东部地区气候干旱化趋势明显。

极端天气气候事件趋多趋强。50 年来,极端降水事件增多,与 20 世纪 60 年代相比,近 10 年全省极端强降水事件增加了 45%;高温日数增多,干热风程度加重。20 世纪 90 年代干旱频率高、持续时间长,春旱和伏旱发生频率最高、干旱面积扩大、危害程度加重。这些对甘肃省经济社会发展和人们生活带来了严重的挑战和威胁。

河西内陆河流量呈增加趋势。与 20 世纪 90 年代相比,21 世纪以来疏勒河径流量增加 46.5%,黑河增加 13%,石羊河增加 21.7%。气象卫星监测显示,近十年,甘南高原水体和湿地面积呈现增大趋势。

沙尘暴呈减少趋势。近 50 年来,甘肃沙尘暴日数呈现显著减少的趋势,其中近 10 年平均沙尘暴日数比 20 世纪 70 年代减少了 4 天。沙尘暴日数减少的原因有三:其一,在全球变暖背景下,甘肃省大风日数减少,起沙的动力条件变差;其二,沙源地降水增多,土壤湿度增加;其三,退耕还林还草政策的实施,使得生态恢复快,植被覆盖率增加。

气候变化对甘肃农业的影响。气候变暖导致越冬作物种植区范围向北扩展 50～100 千米、海拔提高 200 米左右,冬小麦面积扩大 10%～20%。玉米、棉花、油料、马铃薯等作物面积逐年增加;冬小麦播种期推迟 3～14 天,生育期缩短了 20 天;棉花播种期提前 12 天,生育期延长 18 天;玉米播种期提前 1～2 天,生育期缩短了 6 天;油菜播种期推迟 7～13 天,生育期缩短了 17～32 天;果树花期提早 6～10 天,但遭受低温冻害的风险加大;小麦条锈病菌向北扩展,春季发病日期提前 15 天,发病率增大。

气候变化对甘肃水资源的影响。1956—2013年,祁连山冰川面积和冰储量分别减少168平方千米和70亿立方米,减少比例分别为12.6%和11.5%。气候变暖导致祁连山冰川退缩、雪线上升。近10年,祁连山冰川退缩加速,冰川面积减少了36平方千米,减少比例达4.2%。虽然祁连山降水量随着海拔升高而增多,但祁连山积雪面积减少趋势明显,每5年减少1455平方千米,其中东、中段减少明显,西段有微弱减少。

甘肃应对气候变化在行动。近年来,甘肃省通过天然林保护、退耕(牧)还林(草)、草原综合治理、水土保持综合治理、湿地恢复等一系列生态保护措施,生态环境明显改善。21世纪以来,植被覆盖明显增加,陇中和陇东更显著。河西荒漠化面积减少了1万平方千米。全省总体呈现荒漠化程度由重到轻的转化趋势,河西荒漠化减轻面积大于发展面积;甘南草原退化趋势减缓。兰州市环境污染治理初见成效。近53年来兰州大气环境容量只有石家庄市的23%和北京市的14%,气候条件对兰州的污染扩散和沉降不利。但自2013年1月至2014年6月有10个月综合污染指数全国排名在30名之前(74个重点城市,排名越前,污染越轻)。

未来10年(2016—2025年)气候变化趋势。气温:年平均气温度呈现上升趋势,与1986—2005年相比,河西将上升1℃左右,夏季和秋季升温幅度大于春季和冬季;河东将上升0.8℃左右。降水:大部分地区年平均降水将增加,河西增加8%～10%,河东略有减少。甘肃中东部地区秋季降水增加明显,南部将可能减少;东部地区冬季降水将减少。风险:高温天数略有增加,且持续时间加长,甘肃北部地区高温日数增加大于南部地区;中东部旱灾风险加大。

(四)我国应对气候变化的挑战与行动

(1)国际社会应对气候变化的进程

为了应对气候变化,1988年联合国大会通过为当代和后代人类保护气候的决议,1990年政府间气候变化专门委员会发布第一次《气候变化科学评估报告》。1992年联合国环发大会通过《联合国气候变化框架公约》,其最终目标是稳定温室气体浓度水平,以使生态系统能自然适应气候变化、确保粮食生产免受威胁并使经济可持续发展;基本原则是共同但有区别的责任(历史上和目前温室气体排放主要源自发达国家,发展中国家人均温室气体排放仍相对较低)。1997年通过的《京都议定书》,是人类历史上首次以法律形式限制温室气体排放,提出了发达国家、发展中国家的减排目标和义务的协定;2007年巴厘岛气候变化大会通过"巴厘路线图";2009年哥本哈根气候变化大会形成"哥本哈根协议";2014年将召开联合国气候变化首脑峰会。

(2)主要国家应对气候变化的立场及措施

当前气候变化国际谈判的三股力量:欧盟、伞形国家(美、加、澳、日等)、77国+中国(发展中国家)。前两股的发达国家强调减缓,弱化适应,并要求与发展中国家共同减排;发展中国家强调适应,要求发达国家率先减缓。斗争焦点是历史责任、发展空间、资金与技术转让。

(3)气候变化给我国带来的挑战和机遇

我国温室气体排放总量大、增长快,人均排放低的优势正在逐渐丧失,二氧化碳浓度略高于全球平均水平,排放总量已超过美国,排世界前列,处于减缓全球气候变化的风口浪尖上。

我国能源消费结构性问题突出。2012年,我国石化、冶金、建材、造纸行业的能源消费占全国工业总能耗的52%～53%,二氧化碳排放占全国总排放一半;钢产量7.16亿吨,钢铁企业总能耗4.3亿吨标准煤,占全国总能耗的12%,二氧化碳排放占全国总排放的1/7;水泥产量 22 亿吨,水泥企业总能耗占全国总能耗的 20%,二氧化碳排放占全国总排放的 1/5。

我国人均资源储量低于世界平均水平,能源资源短缺加剧,对外依存度上升,当前的能源增长方式难以为继。如果我国的能源消费增长维持 2000—2008 年平均 8.9% 的速度,则 2020 年我国将需要 79 亿吨标准煤,占目前全世界能源消费总量的一半,即使持续实现每 5 年 GDP 单耗下降 20%,但如果继续保持 9% 的经济增长率,2020 年我国将仍然需要 46 亿吨标准煤,2030 年需要 70 亿吨标准煤的能源。2010 年我国国内生产总值只占世界生产总值的约 9%,但却消耗了世界能源消费总量的 20% 左右。

(4)我国应对气候变化的行动

我国基本国情和发展阶段特征,使我国在应对气候变化领域面临着比发达国家更严峻的挑战,也存在向低碳经济转型的新机遇。走科学发展道路,要始终坚持节约资源、保护环境的基本国策,建设资源节约型、环境友好型社会,大力推进节能减排,发展低碳技术、绿色经济、循环经济。全球低碳经济转型将在世界范围内提升能源产业及其装备制造业的战略地位。我国企业既面临空前竞争压力,又存在跨越式发展机遇。

应对气候变化不是权宜之计。应对气候变化既是我国现代化长期而艰巨的任务,又是当前发展中现实而紧迫的任务。既需要有中长期战略目标和规划,又需要有现实可操作的措施,开展实实在在的行动;应对气候变化要与深入贯彻落实科学发展观有机结合起来,大力推进生态文明建设;应对气候变化要与转变发展方式有机结合起来,推进我国经济可持续发展。

应对与转变发展方式需求一致。加快转变经济发展方式,走绿色发展和低碳发展的道路,实现可实现经济发展与应对气候变化的双赢。节约能源、优化能源结构、转变经济发展方式,走低碳发展道路,既是我国应对气候变化的核心对策,也是我国突破资源环境的瓶颈性制约、实现可持续发展的内在需求,两者具有协同效应。在气候变化外部压力下,我国不能采取高排放、高耗能、高污染和耗竭资源的发展方式,气候变化作为一种杠杆,可推动我国经济发展方式的转变。

2009 年 7 月国务院发布我国控制温室气体排放行动目标:到 2020 年,我国单位 GDP 二氧化碳排放比 2005 年下降 40%~45%;到 2020 年,非化石能源占一次能源消费的比重达到 15% 左右;2020 年森林面积比 2005 年增加 4000 万公顷,森林蓄积量比 2005 年增加 13 亿立方米;发展绿色经济,发展低碳经济和循环经济,研发推广气候友好技术。

二、全球和我国气象灾害特征

(一)全球气象灾害总损失在增加

与 1980—2008 年平均值相比,2009—2013 年全球平均天气灾害损失增加 1.03 倍,气候灾害损失增加 17.3%。2005 年 8 月在美国南部登陆的"卡特里娜"飓风造成 1700 多人死亡,1000 多亿美元损失;2007 年 7 月英国出现 200 年一遇暴雨,60 年一遇洪灾;2010 年巴基斯坦出现世纪大洪水,俄罗斯发生百年大旱;2011 年龙卷风造成美国 400 多人死亡;2012 年 11 月底飓风"桑迪"登陆美国,造成 113 人死亡;2013 年 7 月英国出现高温热浪,造成 760 人死亡;2013 年 11 月超强台风"海燕"登陆菲律宾,造成 8000 多人死亡。

（二）我国气象灾害特点及影响

我国是气象灾害最为严重的国家之一,气象灾害占自然灾害的71%。主要气象灾害有:台风、雨涝、雷电、干旱、高温、沙尘暴、寒潮、大风、低温冷害、雪灾、冰雹、霜冻、雾、霾、酸雨等,具有种类多、范围广、频率高、持续时间长、群发性突出、引发灾情重等特点。

20世纪90年代以来,平均每年因各种气象灾害造成的农作物受灾面积4800多万公顷,其中以干旱影响的面积占总受灾面积的53%,洪涝灾害占28%,风雹灾害占8%,低温冷冻害和雪灾占7%,台风占4%。气象灾害平均每年造成死亡人数为3812人,最多年份1990年达7206人;平均每年直接经济损失达2308亿元,最多年份2010年高达5098亿元。

干旱灾害加重。20世纪50年代以来,我国区域性气象干旱事件频次趋多,农业干旱受灾、成灾面积逐年增加,每年平均农业受旱面积为2170万公顷,成灾面积980万公顷,因旱灾损失粮食250亿～300亿千克,占自然灾害损失总量的60%。

洪涝。我国洪涝灾害主要集中在长江、淮河流域以及东南沿海等地区,全国40%的人口、35%的耕地和60%的工农业产值长期受洪水威胁。洪涝灾害对粮食生产的危害仅次于旱灾,每年因洪涝灾害造成的粮食平均损失占总量的25%。1961年以来,我国区域性强降水事件频次趋多,全国因暴雨洪涝农作物受灾面积总体呈显著增多趋势,阶段性特征明显,其中20世纪90年代受灾面积最大。近年来,城市强降水造成严重内涝事件频发,给城市安全运行带来严重影响。

登陆我国台风强度明显增加,灾害损失严重。21世纪以来,登陆我国台风数和强度明显增加,平均每年有8个台风登陆,其中有一半最大风力达到或超过12级,比20世纪90年代增加46%。近10年登陆我国台风直接经济损失平均为534.5亿元,死亡人数约287人。2014年7月超强台风"威马逊"导致海南经济损失近400亿元。

低温冷害。1951—2014年全国和区域性寒潮共发生371次,每年因冷害损失稻谷30亿～50亿千克。全球变暖背景下,我国因低温冷冻害和雪灾农作物受灾面积呈显著增多趋势。1972年以来,平均每年受灾面积328.0万公顷,最多年1469.6万公顷(2008年),最少年23.5万公顷(1973年)。

高温热浪。1961年以来,我国区域性高温热浪事件频次趋多,21世纪以来更为突出,平均每年高温面积占全国27.4%,超过常年的2倍。2013年夏季我国南方遭受1951年以来最强高温热浪。

冰雹。1981—2010年,我国因风雹平均农作物受灾面积为474.9万公顷,成灾面积241.2万公顷。

雷暴。我国雷暴南方比北方多,山地比平原多,雷暴多发区在华南、西南南部以及青藏高原中东部地区。中等发生区在江南、西南东部、西藏、华北北部、西北部分地区。少发区在华北、江淮、黄淮、江汉、东北、内蒙古大部、西北东部地区。极少区在西北地区大部、内蒙古西部。

沙尘暴。我国沙尘暴多发区在西北和华北北部。1954—2013年全国平均年沙尘暴日数总体呈现减少趋势,递减率为1.0天/10年。

（三）甘肃气象灾害特点及影响

甘肃省气象灾害种类多。除台风灾害外,我国存在的其他气象灾害在甘肃省均有发生。

甘肃是全国气象灾害种类最多的省份之一,影响大的气象灾害主要有干旱、暴雨洪涝及引发的山洪等地质灾害、沙尘暴、冰雹和霜冻等,其中干旱灾害居首位。甘肃省气象灾害造成的经济损失占自然灾害的比重达 88.5%,高出全国平均状况 17.5%;气象灾害损失相当于甘肃省 GDP 的 3%~5%,21 世纪平均为 3%,是全国的 3 倍。从空间分布上来看,河西大风沙尘暴多发、东南部暴雨洪涝、山洪地质灾害多发,中东部冰雹、干旱和山洪滑坡泥石流频繁易发。自 20 世纪 80 年代开始,气象灾害造成的损失呈增加趋势,尤其是近 10 年来,甘肃省气象灾害造成的经济损失增加明显,其中 2013 年经济损失最大(187 亿元)。

突发性强降雨点多面广、危害大。21 世纪以来,陇南、甘南、定西、天水、平凉、庆阳等地强降水事件发生频次高、强度大、危害重,常诱发山洪、滑坡、泥石流等地质灾害,造成的死亡人数超过 2000 人,接近全国同期因台风死亡人数。2010 年 8 月 8 日舟曲降水量 97 毫米,发生特大山洪泥石流灾害,造成 1481 人死亡;2010 年 7 月 23 日灵台县朝那镇日降水量 319.4 毫米,造成 15 人死亡;2010 年 8 月 12 日成县黄褚镇凌晨 4 小时降水量 258.6 毫米,造成 38 人死亡;2012 年 5 月 10 日岷县特大冰雹山洪泥石流灾害造成 53 人死亡;2013 年 7 月 21 日灵台县降水量为 287.8 毫米,1 小时降水量达 84.7 毫米;2013 年天水秦州区钱家坝最大降水量 152.2 毫米,1 小时降水量 48.4 毫米,严重洪涝、泥石流灾害造成 21 人遇难;2014 年 8 月 16 日庆阳镇远县遭遇暴雨冰雹,最大降水量 68.7 毫米,1 人死亡,直接经济损失 3084 万元。

干旱频率高、范围广、影响大。甘肃省素有“三年一小旱,十年一大旱”之说,干旱对河东地区影响最大,几乎每年都会出现季节性干旱,春旱和春末夏初旱发生频次最高。1990 年以来,发生春旱 10 次,春末夏初干旱 9 次,伏旱 3 次,秋旱 4 次,尤其是出现了以天水为中心的连续 7 年全省干旱,对农业生产和人民生活造成了严重影响。

冰雹、低温冻害造成的损失重。2005 年 5 月 30 日,甘肃 7 个市州的 15 个县遭到冰雹袭击,最大冰雹直径为 75 毫米,地面积雹厚度 10 厘米,造成直接经济损失达 1.2 亿元。2008 年 1 月中旬至 2 月上旬,甘肃出现历史罕见低温连阴雪天气,降雪量和降雪日数为百年一遇,农牧业直接经济损失达 21 亿元。2013 年 4 月 4—7 日,天水、庆阳、平凉及陇南市出现霜冻天气,造成农作物受灾面积达 50407.6 公顷,成灾面积 24310 公顷,直接经济损失达 13 亿元。2014 年 5 月 8—10 日,山丹出现大雪,白银、兰州、临夏、定西等地遭遇低温冷冻灾害,直接经济损失近 5000 万元。

三、以风险管理的理念做好气象防灾减灾工作

党的十八大提出“加强防灾减灾体系建设,提高气象、地质、地震灾害防御能力”,这是对气象防灾减灾形势的科学研判,对气象防灾减灾重要地位的准确定位,对做好气象防灾减灾工作的更高要求。在全球变暖背景下,未来极端事件将更加频繁,气象灾害的影响和风险进一步加大。因此,加强防灾减灾,强化气象灾害风险管理十分紧迫。建议:

第一,强化政府在气象防灾减灾中的主导作用。甘肃是气候质量较差、气象灾害严重的省份之一,需要着力增强应对极端气候事件的能力,化解经济社会发展和人民生产生活的气候风险。需要明确各级政府职责和义务,充分发挥政府在气象防灾减灾中的主导作用。要以气象灾害风险管理的理念,紧扣“测、报、防、抗、救、援”六大环节,构建甘肃气象防灾减灾体系,建立健全“政府主导,部门联动,社会参与”的气象防灾减灾机制。从长远看,要从气象工作政府化

的长效机制入手,突出防灾减灾指挥部作用发挥。制定气象灾害防御规划,将气象防灾减灾纳入国民经济和社会发展规划、政府绩效考核和公共财政预算。

第二,强化气象防灾减灾的部门协调联动。气象防灾减灾要加强防灾、抗灾和救灾的协同;加强应对气候变化、生态文明建设和防灾减灾的协同;注重各部门、各领域和各环节之间的协同,强化气象防灾减灾的部门协调联动。要建立完善气象防灾减灾绩效考核、督察督办和责任追究制度,引导各级气象防灾减灾机构和队伍充分发挥其职能和作用。逐步形成政府推动,企业、社团及公众积极参与,媒体和社会监督的公众参与的有效机制。

第三,加强公众气象防灾减灾的科普教育。面对防灾减灾新形势,要注重充分发动社会力量,利用各种资源,加强全社会科学知识和技能的宣传教育,制作通俗易懂的气象防灾避险宣传卡片、气象防灾减灾宣传手册等科普资料,让普通老百姓看得明白、用得上。要加强建设城市和农村气象科普教育基地,加强学校、农村和气象灾害重点防御地区防灾减灾知识和技能的宣传教育,将气象灾害防御知识纳入国民教育体系,纳入文化、科技、卫生"三下乡"活动,纳入全社会科普活动,提高全民防灾意识、知识水平和避险自救能力。同时,也要加强社会舆论引导,提高公众对气象灾害的认识。

第四,加强气象灾害监测预报能力建设。建立气象灾害无缝隙监测预报系统,特别需要提高易发频发灾害的监测预警和预报服务能力。通过建设和优化气象综合观测体系,形成布局合理、层次分明、功能全面、技术先进的气象监测预报预警服务体系,实现能够满足气候和气候变化预估与服务需求的气候观测系统、农业和生态系统观测网络等基础设施建设。

第五,加强气象防灾减灾的法制建设。要进一步加大气象法律、法规、规章的贯彻落实和行政执法检查的力度。修订规划设计标准,特别是要提高气象灾害易发区、脆弱区和高影响行业的防御标准。加强气象灾害风险评估,实施气象灾害风险认证制度。要进一步完善气象灾害风险评估和气候资源开发利用和保护制度,城市规划建设迫切需要气象灾害防御标准来约束。要制定气象灾害防御方面的地方性法规或规章,有效地调整和规范气象灾害防御过程中所形成的各种社会关系,从而实现以法律规范全社会广泛参与气象防灾减灾的责任和义务。

四、以生态文明建设为重点积极应对气候变化

习近平同志指出:走向生态文明新时代,建设美丽中国,是实现中华民族伟大复兴的中国梦的重要内容。中国将按照尊重自然、顺应自然、保护自然的理念,贯彻节约资源和保护环境的基本国策,更加自觉地推动绿色发展、循环发展、低碳发展,把生态文明建设融入经济建设、政治建设、文化建设、社会建设各方面和全过程,形成节约资源、保护环境的空间格局、产业结构、生产方式、生活方式,为子孙后代留下天蓝、地绿、水清的生产生活环境。

建议:

第一,树立尊重自然、顺应自然、保护自然的生态文明理念。把应对气候变化放在生态文明建设的突出地位,注重绿色发展、循环发展、低碳发展。不断提升对气候规律的认识水平和把握能力,坚持趋利避害并举、适应和减缓并重,合理开发和保护气候资源,促进人与自然和谐、经济社会与资源环境协调发展。构建"两型"社会,着力解决甘肃城镇化面临的一系列气候和气候变化问题。气候变化监测、分析和研究一再表明,伴随着工业化、城镇化的化石能源过度利用、温室气体过度排放、地表植被过度破坏,是近百年气候变暖的最大因素,也导致区域发

展的气候风险增大。甘肃应把防御极端气象灾害和化解重大气候风险摆在城镇化建设的突出位置,经济社会发展需要科学评估气候容量,要因地制宜、合理布局。

第二,要科学开发和利用气候资源。甘肃应加快国家生态安全屏障综合试验区建设。甘肃生态环境极为脆弱,要充分利用气候资源,通过启动一批有利于恢复和保护生态环境的重大工程项目,加快国家生态安全屏障综合试验区建设,实现可持续发展。甘肃省风能、太阳等气候资源丰富,应大力开发利用,提高新能源和可再生能源在能源结构中的比例。大力开展"风光行动计划",减缓二氧化碳排放量,提前做好应对能源战略的挑战。着力改善大气环境质量,促进人与自然和谐、经济社会与资源环境协调发展。

第三,高度重视气候安全,加强重大工程和规划的气候可行性论证。气候安全是国家安全体系和经济社会可持续发展战略的重要组成部分,是生态文明建设和实现中国梦的基本保障,应当根据国家应对气候变化战略,确定甘肃中长期气候安全目标。重点关注与极端气候事件和灾害相关的水资源风险加剧、生态安全风险升级、健康安全风险加大等新问题。要建立气候资源承载监测预警及应急机制,加强区域发展、城镇化进程、重大工程等的气候可行性论证。建立和完善气象灾害风险评估和重大工程和规划的气候可行性论证管理办法和相应的工作流程,开展分地区、分领域气候变化综合影响评估工作。

第四,加快实施祁连山人工增雨(雪)工程,充分利用空中云水资源服务于甘肃经济社会发展。人工影响天气在抗旱减灾、缓解水资源短缺和生态建设等方面发挥了重要作用。甘肃省空中水资源丰富,增雨潜力为 69.7 亿吨/年,应加快祁连山人工增雨(雪)工程,缓解干旱缺水风险。积极开展针对生态恢复保护、缓解水资源紧缺及农业抗旱、森林防火、人工防雹、空气污染、水库增蓄等方面的作业服务,建设美丽甘肃。

面对防灾减灾和全球气候变化的严峻形势,以及我国节能减排、保护环境的艰巨任务,面对全面建成小康社会、加快建设生态文明的战略任务,需要全社会动员起来,积极应对气候变化,加强气象灾害风险管理,大力推进生态文明建设,为实现中华民族伟大复兴的"中国梦"而努力奋斗!

注:韩涛、蒋友严、朱飙、杨苏华、郭俊琴、申恩青、王小巍、郝小翠、冯建英、陈佩璇参与材料编写。

致谢:感谢国家气候中心巢清尘副主任及郭战峰、张存杰、高荣等有关专家到甘肃亲临指导并提供有关的材料与素材;同时也感谢中国气象局兰州干旱气象研究所、兰州中心气象台等相关单位的配合。

甘肃生态文明建设应高度重视
气象防灾减灾和应对气候变化工作[*]

马鹏里　赵红岩　王有恒　方锋　朱飙

王玉洁　林纾　万信　韩涛

(2014 年 9 月 22 日)

摘要：气候变化正在深刻地影响着人类的生存与发展，是当今国际社会共同面临的重大挑战。甘肃省气候条件复杂，生态环境脆弱，是我国受气候变化影响最为严重的省份之一。21 世纪以来，甘当省气候变化呈现出极端天气气候事件频发的新特点，因强降水诱发的山洪、滑坡、泥石流等地质灾害，造成的死亡人数超过 2000 人。未来 3～5 年，甘肃省气候仍将变暖，区域温度升高、旱涝频次增加，气象灾害的影响更趋严重，气候对粮食生产、水资源、生态系统风险增加。

面对日益严峻的气候变化挑战，加强极端天气气候灾害的防御工作，构建甘肃省气候安全屏障，是降低气候变化灾害风险，化解气候变化对自然生态和经济社会影响的有效措施。甘肃省人民政府《关于贯彻落实〈甘肃省加快转型发展建设国家生态安全屏障综合试验区总体方案〉的实施意见》(甘政发〔2014〕32 号)进一步明确甘肃省将围绕国家生态安全屏障综合试验区建设，重点构建四大生态安全屏障，推进五大区域可持续发展的战略任务，这将有利于甘肃省优化国土空间开发布局、全面促进能源资源节约利用、加大自然生态系统和环境保护。

气象部门在国家应对气候变化内政外交战略部署中积极发挥决策咨询和科技支撑作用，2014 年 9 月 6 日，中国气象局领导在省委组织部、宣传部、省委党校等单位共同举办的"富民兴陇"系列讲座中，作了题为"积极应对气候变化，加强气象防灾减灾，推进生态文明建设"的专题报告。

甘肃省气象局组织相关专家对 21 世纪以来甘肃省气候变化的新特征进行了研究，客观分析了气候变化对甘肃省经济社会发展的新挑战，提出甘肃生态文明建设应高度重视气象防灾减灾和应对气候变化工作的建议，要强化政府在气象防灾减灾中的主导作用；科学开发和利用气候资源，加快国家生态安全屏障综合试验区建设；加强城镇建设和重大工程规划的气候可行性论证。

一、21 世纪以来甘肃省气候变化的新特征

变暖幅度高于同期全球和全国平均水平。近 50 年来，甘肃省平均气温的升温率为 0.26℃/10 年，高于同期全球(0.12℃/10 年)和全国(0.23℃/10 年)。1997 年以后年均气温持

---

* 入选 2014 年全国优秀决策气象服务材料汇编。

续偏高。

年平均降水量总体呈减少趋势,但河西增多,河东减少。近50年来年平均降水量减少了11毫米。甘肃中东部地区气候干旱化趋势明显。21世纪以来干旱半干旱区总面积增加约1.5万平方千米,半湿润区面积增加约1.0平方千米,湿润区面积减少约2.5万平方千米,甘肃省中东部地区气候干旱化趋势明显。

极端天气气候事件趋多趋强。近10年全省极端强降水事件增加了45%;高温日数增多,干热风程度加重。

沙尘暴呈减少趋势。近10年平均沙尘暴日数比20世纪70年代减少了4天。

气候变化对农业的影响利弊共存。气候变暖导致越冬作物种植区范围向北扩展50～100千米、海拔提高200米左右,冬小麦面积扩大10%～20%,但小麦条锈病菌也向北扩展,越夏区范围扩大,春季发病日期提前15天,发病率增大。果树花期提早6～10天,导致遭受低温冻害的风险加大。

气候变化导致水资源量总体呈减少趋势。近10年,祁连山冰川退缩加速,冰川面积减少了36平方千米,减少达4.2%。虽然祁连山降水量随着海拔升高而增多,但祁连山积雪面积减少趋势明显,其中东、中段减少明显,西段有微弱减少。

二、气候变化对甘肃省经济社会发展的新挑战

未来气候将继续变暖,气象灾害风险加大。未来气温继续升高、降水不均匀性增大,极端气温、极端降水事件增多。

气温:年平均气温呈现上升趋势,与1986—2005年相比,河西将上升1℃左右,夏季和秋季升温幅度大于春季和冬季;河东将上升0.8℃左右。

降水:大部分地区年平均降水将增加,河西增加8%～10%,河东略有减少。甘肃中东部地区秋季降水增加明显,南部将可能减少;东部地区冬季降水将减少。

高温:高温天数略有增加,且持续时间加长,甘肃北部地区高温日数增加大于南部地区;中东部旱灾风险加大。在全球变暖的气候背景下,全省气象灾害呈明显上升趋势,极端气候事件频繁发生。

因此,甘肃省在应对气候变化方面面临着巨大的挑战:

防灾减灾形势更为严峻。近年来因气象灾害每年造成的直接经济损失都在20亿元以上,占到全省自然灾害损失的88.5%;气象灾害损失相当于甘肃省GDP的3%～5%,21世纪以来平均为3%,是全国的3倍。未来气候变化将增加各种极端自然灾害的发生频率,使甘肃省面临更为严峻的防灾减灾形势。

农业生产风险增加。气候变化对甘肃农业的影响利弊共存,以弊为主。粮食作物生长发育面临高温、干旱、霜冻的威胁。传统农作物适应性降低,特色农作物品质可能有所下降,农业用水供需矛盾可能进一步加剧,农作物病虫害防治成本加大。

生态系统脆弱性增大。冻土变化导致黄河源区以及内陆河山区生态系统退化。荒漠生态系统的脆弱性增加,农牧交错带边缘和绿洲边缘区荒漠化土地面积增大。

河西地区水问题依然严峻。河西内陆河流域降水、水面蒸发及实测径流不同程度的变化在一定程度上加剧了水资源的供需矛盾,加剧了水环境恶化。未来降水可能增多、气温上升、

蒸发增大将进一步增加水问题的严峻形势。

三、增强应对气候变化能力，促进生态文明建设

第一，强化政府在气象防灾减灾中的主导作用。要以气象灾害风险管理的理念，紧扣"测、报、防、抗、救、援"六大环节，构建甘肃气象防灾减灾体系，建立健全"政府主导，部门联动，社会参与"的气象防灾减灾机制。

第二，要科学开发和利用气候资源，加快国家生态安全屏障综合试验区建设。甘肃省生态环境极为脆弱，要充分利用气候资源，通过启动一批有利于恢复和保护生态环境的重大工程项目，加快国家生态安全屏障综合试验区建设，实现可持续发展。

第三，加强城镇建设和重大工程规划的气候可行性论证。要建立气候资源承载监测预警及应急机制，加强区域发展、城镇化进程、重大工程等的气候可行性论证。建立和完善气象灾害风险评估和重大工程和规划的气候可行性论证管理办法和相应的工作流程，开展分地区、分领域气候变化综合影响评估工作。

建设甘肃省国家生态安全屏障综合试验区应重视
气象防灾减灾和应对气候变化工作[*]

马鹏里　赵红岩　王有恒　方锋　韩涛　张旭东
（2015 年 1 月 22 日）

甘肃地处我国大陆的地理中心,是唯一包含西部干旱区、东部季风区和青藏高寒区三大自然区的省份,是黄河、长江上游的重要水源补给区,同时也是国家"两屏三带"生态安全屏障的重要组成部分,在全国稳定大局和生态安全战略格局中具有重要的地位。

随着全球气候变暖,甘肃省水资源日益短缺,天然植被退化,土地荒漠化,气象灾害增多,生态环境不断恶化。21 世纪以来,甘肃气温显著上升,降水变化空间差异突出,极端天气气候事件频发,因强降水诱发的山洪、滑坡、泥石流等地质灾害造成的死亡人数超过 2000 人。甘肃在建设"甘肃省国家生态安全屏障综合试验区"的背景下,推动生态文明建设,加强气象防灾减灾,及时应对气候变化对自然生态系统造成的影响,就显得尤为重要。

一、当前甘肃应对气候变化面临的主要问题

(1)防灾减灾形势更为严峻。近年来因气象灾害每年造成的直接经济损失都在 20 亿元以上,占到全省自然灾害损失的 88.5%;气象灾害损失相当于甘肃省 GDP 的 3%～5%,21 世纪平均为 3%,是全国的 3 倍。未来气候变化将增加的各种极端自然灾害发生频率,使甘肃省面临更为严峻的防灾减灾形势。

(2)农业生产风险增加。气候变化对甘肃农业的影响利弊共存,以弊为主。粮食作物生长发育面临高温、干旱、霜冻的威胁。传统农作物适应性降低,特色农作物品质可能有所下降,农业用水供需矛盾可能进一步加剧,农作物病虫害防治成本加大。

(3)生态系统脆弱性增大。冻土变化导致黄河源区以及内陆河山区生态系统退化。荒漠生态系统的脆弱性增加,农牧交错带边缘和绿洲边缘区荒漠化土地面积增大。

(4)河西地区水问题依然严峻。河西内陆河流域降水、水面蒸发及实测径流不同程度的变化在一定程度上加剧了水资源的供需矛盾,加剧了水环境恶化。未来降水可能增多、气温上升、蒸发增大将进一步增加水问题的严峻形势。

二、建议

(1)把防御极端天气气候事件作为防灾减灾的重要内容。甘肃是我国气候质量较差、气象灾害严重的省份之一,需要采取更广泛和更有效的措施,重视和加强极端气候事件的防御工

---

* 入选 2015 年全国优秀决策气象服务材料汇编。

作,降低灾害风险,化解自然灾害对自然生态和经济社会的影响。加强研究全球气候变暖背景下甘肃极端天气气候事件发生及其变化规律;重视应对极端天气气候事件能力建设,提高灾害风险管理能力和水平。在制定甘肃经济社会发展规划中要明确气象防灾减灾能力建设。

(2)科学开发和利用气候资源,加快国家生态安全屏障综合试验区建设。甘肃省生态环境极为脆弱,要充分利用气候资源,通过启动一批有利于恢复和保护生态环境的重大工程项目,加快国家生态安全屏障综合试验区建设,实现可持续发展。

(3)加强城镇建设和重大工程规划的气候可行性论证。要建立气候资源承载监测预警及应急机制,加强区域发展、城镇化进程、重大工程等的气候可行性论证。建立和完善气象灾害风险评估和重大工程和规划的气候可行性论证管理办法和相应的工作流程,开展分地区、分领域气候变化综合影响评估工作。

兰州新区建设应重视气象灾害风险防范

马鹏里　梁东升　李晓霞　黄涛　朱飙　王兴　张旭东　孙兰东

（2011 年 8 月 3 日）

摘要：国务院办公厅《关于进一步支持甘肃经济社会发展的若干意见》（国办发〔2010〕29 号）中，明确了大力支持兰（州）白（银）核心经济区率先发展。兰州新区建设是甘肃省委、省政府实施"中心带动、两翼齐飞、组团发展、整体推进"区域发展战略、破解兰州发展难题、实现兰州率先发展的战略要求。

随着经济的快速发展，人类生产生活对气象条件的依赖程度越来越大，气象灾害所造成的影响也不断加深。对兰州新区建设开展气候可行性论证和气象灾害风险评估，是防灾减灾的一项重要的工作，更是城市发展不可缺少的一项长远规划。

2011 年 1 月 3 日，甘肃省领导视察甘肃省气象局时指出，要做好兰州新区气候环境分析和气象灾害风险评估工作。甘肃省气象局对此高度重视，组织相关专家对兰州新区建设的气象、环境条件进行了研究分析，并对未来气候变化趋势进行预估。在此基础上，我们提出应重视兰州新区建设中的气象灾害风险防范的意见。

一、兰州新区主要气候特征

降水偏少。兰州新区年平均降水量为 218.7 毫米，低于市区的 293.5 毫米。夏季降水占全年降水量的 56.6％。近 30 年最多年为 1992 年（334.8 毫米），最少年为 1982 年（116 毫米）。2000 年以来新区降水基本呈下降趋势。

气温偏低。兰州新区年平均气温 6.9℃，市区为 10.4℃，兰州新区温度较市区明显偏低，其中春季偏低 3.8℃、夏季偏低 3.5℃、秋季偏低 3.2℃、冬季偏低 3.7℃。

湿度偏低。兰州新区年平均相对湿度为 54.9％，市区为 53.3％。

风速偏大、盛行偏北风。兰州新区年平均风速为 1.9 米/秒，市区为 0.9 米/秒；兰州新区风速明显高于市区，平均风速约为市区的 2 倍；兰州新区盛行风向为偏北风，约占 32％。

日照丰富。兰州新区年平均日照时数介于 2593.8～2652.3 小时，属于太阳能资源较丰富区。

二、兰州新区主要气象灾害风险

随着全球气候变暖，兰州新区极端天气事件频发，气象灾害发生频率和严重程度也正在逐渐增加，其中主要气象灾害类型有干旱、冰雹、暴雨洪涝、低温冻害、大风、沙尘暴、雷电等，另外，地质灾害及农业气象灾害等气象次生灾害和衍生灾害也较为严重。根据兰州新区及永登、皋兰县气象灾害形成的机理和成灾环境的区域特点，对各气象灾害致灾因子的强度进行综合评价,并结合孕灾环境和实际情况,将各致灾因子的可能造成的危险性强度划分为高、次高、中、次低、低5级(1～5级)。

干旱严重。兰州新区年平均降水量仅为218.7毫米,且呈下降趋势。兰州新区干旱风险等级较高,大部分地方达到2级次高风险等级,其中新区东北部危险等级达到1级高风险等级(图1)。干旱是兰州新区最为严重的气象灾害。

大风、沙尘暴危害大。兰州新区位置偏北,易受河西沙尘天气影响,平均风速约为市区的2倍,新区的大风、沙尘暴天气普遍高于市区,尤其在新区东北部出现大风、沙尘暴危险性等级达到2级次高危险等级。

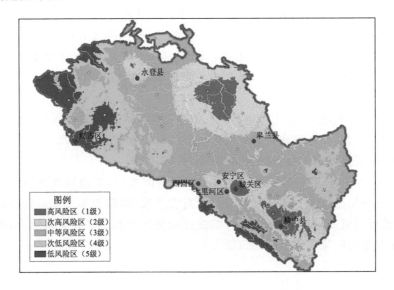

图1 兰州市干旱危险性等级分布图

冰雹、雷电危险等级高。永登是冰雹易发区,兰州新区位于永登冰雹北方路径上(图2),冰雹危险高于市区,尤其在兰州新区北部现代农业区(图3)。兰州新区雷暴危险等级也高于兰州市区。

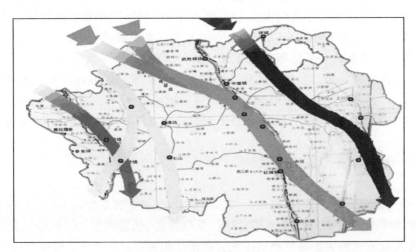

图2 兰州市冰雹路径图

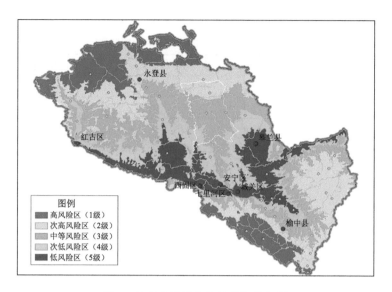

图 3　兰州市冰雹危险性等级分布图

暴雨洪涝风险较小。兰州新区暴雨洪涝危险等级较低，但降水变率大，仍要注意夏季短历时强降水天气造成的洪涝、内涝危害。

低温冻害较为明显。兰州新区低温冻害较市区明显，兰州新区北部霜冻危害等级略高。

三、兰州新区生态、大气环境状况

生态植被状况较差。根据卫星影像资料分析，2010 年兰州新区的城镇建筑物面积为13746.96 公顷，占新区总面积的 12.6％；植被覆盖面积为 29960.19 公顷，占兰州新区总面积的 31.5％；裸地为 86492.07 公顷，占新区总面积的 55.7％。兰州新区的植被主要集中在中北部秦王川等地区，南部主要为裸地。

2002—2010 年植被总面积变化不大，但适中和茂密植被呈增加趋势，稀疏植被呈减少趋势（表 1）。

表 1　不同年份、不同覆盖度的植被面积变化表　　（单位：平方千米）

植被类型 ＼ 年份	2002	2004	2007	2010
稀疏植被	489	596	441	405
适中植被	286	178	288	264
茂密植被	4.9	0.8	3.2	110

兰州新区大气环境有利于污染物扩散。通过气象资料分析和数值模拟表明，兰州新区四季风速均大于兰州市区，有利于污染物扩散。新区风向以偏北风为主，市区以偏东风为主，市区处于新区的下风方。通过对大气稳定度分析（表 2），兰州新区强不稳定天气到中性天气约

占 66%，市区占 51%。一般来说，大气越不稳定，越有利于污染物的扩散，即表明兰州新区天气条件比市区更有利于污染物的扩散。

表 2　不同大气稳定度等级出现的频率

大气稳定度等级	强不稳定	不稳定	弱不稳定	中性	较稳定	稳定
新区频率	0.48%	9.38%	13.22%	42.72%	18.35%	15.85%
市区频率	1.80%	20.53%	2.74%	25.99%	25.24%	23.70%

大气环境容量较高。按照《制定地方大气污染物排放标准的技术方法》(GB-T 3840—91)和《环境空气质量标准》(GB 3095—1996)计算兰州新区大气环境容量，结果表明新区的污染物排放限制总量高于市区，各种污染物的排放限量兰州新区是市区的 3～4 倍（表 3）。具体排放值和推荐排放值如表 3。

表 3　兰州新区、市区污染物排放限值

污染物名称	排放总量限值 10^4 吨		
	兰州新区实算值	兰州新区推荐值	兰州市区实算值
二氧化硫 SO_2	9.25	8.35	2.66
总悬浮颗粒物 TSP	30.83	27.82	8.85
可吸入颗粒物 PM_{10}	15.41	13.91	4.43
二氧化氮 NO_2	12.33	11.13	3.54

兰州新区建设可能会使当地气温升高、风速减小。利用数学模拟方法对兰州新城区的下垫面类型做敏感性试验，模拟新城区建成后对周边环境的影响，结果表明新城建成后新城区范围内的地面温度升高 0～3℃（图 4），周边区域的地面温度变化不明显；新城建成后风速略有减小，减小的幅度在 0～2 米/秒范围内。

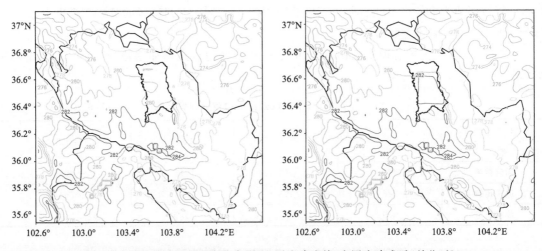

图 4　兰州新城区地面温度分布图（左图为建成前，右图为建成后，单位：℃）

四、未来气候变化及影响预估

兰州新区未来有可能呈现温度升高、降水增多趋势，综合分析，总体上将仍然是干旱化趋势。据分析，到2100年，兰州新区的年平均气温总体呈现出一致的上升态势，增温幅度在0.6～4.1℃，到21世纪末兰州新区气温增幅将可能达到3.9℃。其中冬季升温最为明显，幅度在0.2～4.8℃。

到2100年，兰州新区的年降水总体上有可能呈现出增多的态势，增加幅度在6.6%～36.6%，到21世纪末兰州新区降水增幅将可能达到22.9%。

未来降水的增加，对兰州新区非常有利。但随着气温的升高，蒸发量也剧增。综合考虑，兰州新区的干旱等气象灾害可能会更加频繁出现，同时由于兰州新区大部分地区地处干旱、半干旱区，降水增加也不可能根本改变干旱气候区的基本现状。

五、兰州新区建设的意见

基于兰州新区气候特点、环境分析及气象灾害风险评估，对兰州新区的未来建设提出如下意见：

（1）加强重大工程建设的气象灾害防御。在城市总体规划和城市控制性详细规划、重大工程项目的建筑设计中均要综合考虑合理化建设布局，开展气候可行性论证工作，减少因规划设计不当而导致的工程安全和环境问题；尤其在地下管网设计布局、重大项目的规划、建设、搬迁、选址时须实行气候可行性论证，充分考虑各种气象要素、气象灾害或极端气候事件、局地小气候等要素影响，从而避免对工程安全及周围环境可能造成的危害。

（2）加强雷电灾害风险评估和防雷工程建设。兰州新区雷电危险等级明显高于市区，对兰州新区石油化工、装备制造等雷电高风险企业危害大，需要加强兰州新区雷电活动时空分布特征分析，为项目选址、功能分区布局、防雷类别（等级）与防雷措施确定、雷灾事故应急方案等提出建设性意见。对兰州新区重点防雷行业前期设计进行防雷设计审核。

（3）综合提高新区绿化覆盖率，防风治沙，改善生态及人居环境。兰州新区的干旱、大风、沙尘灾害风险较高，现代农业区、工业区的建设与设计等应考虑大风、沙尘天气影响；另外从改善新区居住环境考虑，绿地覆盖率应不小于30%，人均公共绿地面积应大于9平方米。此外，在土地资源紧缺的情况下应加强综合绿化。例如：实施屋顶绿化、墙面垂直绿化、窗阳台绿化、高架悬挂绿化、高架桥柱绿化、棚架绿化、绿荫停车场绿化等。同时，在绿化植被的选择上应根据市情，选择既耐旱又可减缓热岛效应的植物。

（4）发展高新技术产业，控制高污染企业。兰州新区的大气环境容量虽然高于市区，大气的扩散能力也好于市区，但兰州新区建成后污染物扩散能力有所减弱，因此，兰州新区的产业结构应以发展高新技术产业为主，控制高污染企业数量和规模。建立产业化支持服务体系，形成科技型中小企业创新创业平台，制定产业化政策，形成高新技术产业发展的良好环境；严格控制兰州新区高污染企业数量，污染企业的选址、布局、规模等应进行充分的论证和严格审批，以避免出现难以治理的环境污染。

（5）合理配置利用水资源，建设节水型新城区。干旱是兰州新区最主要的气象灾害，加强工、农业生产水资源管理利用，合理配置水资源使用，全面推进节水型社会建设。推进工业企业清洁生产和水资源循环利用。鼓励再生水利用，充分利用城市集雨节水、中水利用，以减轻干旱的不利影响。

（6）充分利用丰富的太阳能资源。兰州新区属于太阳能资源较丰富区，小区建设、新农村建设供暖供热优先考虑太阳能等清洁能源；推进太阳能热水器及与建筑一体的太阳能建筑；将道路照明、草坪照明设计成太阳能光伏照明。

（7）成立专门气象服务机构，加强兰州新区气象灾害防御。兰州新区的气象灾害种类多、区域面积大、距离兰州市区距离远，气象服务的需求迫切，任务较重，建议在兰州新区成立区级气象服务机构，为兰州新区建设发展提供气象服务保障。加强人工影响天气体系建设，抓住有利时机积极实施人工增雨（雪），增加水资源；在兰州新区冰雹多发地区，建立防雹基地，组织好高炮、火箭的联防作业，合理布局、科学指挥，减少冰雹的发生，降低冰雹造成的损害。

致谢：感谢兰州市气象局有关专家提供的材料与素材。

兰州新区规划建设应
充分考虑其气候环境影响的建议报告

马鹏里　李晓霞　梁东升　黄涛　王兴　朱飚　王有恒

（2015 年 5 月 12 日）

　　兰州新区地处黄土高原、青藏高原和蒙古高原的交汇过渡地带,周边地形复杂,灾害性天气频发。对兰州新区开展气候适应性、风险性以及可能对局地气候产生影响的分析评估,是新区防灾减灾的一项重要工作,新区的规划布局必须建立在准确的现场观测和科学论证基础上。2011 年 1 月 3 日,甘肃省领导视察甘肃省气象局时要求"做好兰州新区气候环境分析和气象灾害风险评估工作"。

　　甘肃省气象局高度重视,组织专家分析了兰州新区的气候背景和灾害特点,同时发现兰州新区现场观测资料缺乏,永登、皋兰、中川机场等气象站资料难以完全反映新区气候特点,尤其风向、风速受地形影响大,其时空分布特征亟待观测明确。2014 年 1 月,甘肃省气象局与新区环保局在新区周边及城区建立了测风塔和区域气象站,开展现场观测。2015 年 3 月,综合现场观测和历史气象资料,甘肃省气象局分析了兰州新区气候特点及主要气象灾害特征、新区盛行风向和污染系数时空分布特征、预估了新区未来 30～50 年气候变化状况,形成《兰州新区气候环境分析技术报告》,主要结论如下。

一、新区四季分明、日照充足,降水量少、气候干燥

　　新区年平均年降水量为 219.9 毫米（兰州市区 293.4 毫米）,最多年为 334.8 毫米（1992年）,最少年为 116 毫米（1982 年）;新区年平均气温 6.8℃（市区 10.4℃）;年平均相对湿度为54.7%（市区为 53.1%）;新区年平均风速为 1.9 米/秒（市区约为 0.9 米/秒）;新区日照时数约为 2593.8～2652.3 小时,属于太阳能资源较丰富区。

二、新区气象灾害种类较多,出现频率高

　　干旱是新区最为严重的气象灾害,新区北部干旱严重,达到高危险等级;新区冰雹、雷电、大风、沙尘暴、低温冻害等气象灾害发生频率明显高于兰州市区;新区短时强降水天气造成的危害不容忽视。

三、新区周围地形复杂,盛行风向、风速、污染系数随高度、时间、位置均有变化

　　观测年内,新区周边中高层（50～70 米）年盛行风向为东北风,该方向污染系数较大,尤以秋冬季明显;中低层（10～30 米）各观测点盛行风向和污染系数差异明显;各观测点均有静风

和逆温现象出现;各风塔有明显的日变化特征,14时盛行风向多为东南风或西南风。

四、新区未来30—50年平均气温、降水量均呈现上升趋势

年平均气温将上升1.4~1.8℃,年平均降水量将可能增加2%~3%。未来降水的增加,对兰州新区生态与农业非常有利,但随着气温的升高,蒸发量也剧增,干旱、强对流等气象灾害可能会更加频繁出现。

五、新区的建设建议

(1)新区建设应综合考虑盛行风向及污染系数时空分布特征,合理进行规划布局,控制高污染企业。

1)风塔中高层(50~70米)盛行东北风,此方向污染系数较大,东北方向不宜作为重工业企业基地;

2)风塔中低层(10~30米)年盛行风向和污染系数有明显差异,在厂区建设、污染物排放高度设置、净化设施选型等方面应综合考虑、科学论证;

3)各风塔均有静风和逆温现象出现,但逆温层厚度、高度不明,需进一步观测研究。

(2)充分了解新区气候特点和灾害特征,合理利用气候资源,趋利避害。

1)合理配置利用水资源,建设节水型新城区;

2)科学规划排水防涝设施,避免城市暴雨内涝灾害;

3)选择耐旱耐低温植物,提高绿化覆盖率,防风治沙,改善生态及人居环境;

4)充分利用丰富的太阳能资源。

(3)牢固树立灾害防范意识,加强灾害防御体系建设。

1)成立专门气象服务机构,开展新区专项气象服务和灾害防御工作;

2)加强重大工程建设气象灾害风险评估,加强雷电灾害风险评估和防雷工程建设。

甘肃省气象灾害分布特点及甘肃省中小学防御灾害的建议

张存杰　孙兰东　赵红岩　张旭东　冯建英　陈佩璇

（2009 年 8 月 20 日）

摘要：甘肃省是我国自然灾害较为严重的省份之一，灾害种类多、发生频度高、强度大、范围广，所造成的损失也非常严重。大风（沙尘暴）、暴雨（雪）、冰雹、高温、干旱、寒潮、低温、雷电和大雾等气象灾害以及因气象灾害引发的山洪暴发、洪水泛滥、山体滑坡和森林、草原火灾以及农业病虫害等灾害，给国家经济建设和人民生命财产造成重大损失。随着社会经济的发展和人口的增多，气象灾害造成的损失也逐年增长，社会经济对气象灾害的敏感性越来越强。

甘肃省地势高低悬殊、植被稀少，所处气候区的天气变化复杂。由于地形地貌差异和气候变化双重原因，气象灾害种类较多、发生频率较高、分布地域广、造成损失大。特别是 20 世纪 80 年代以来，气象灾害造成的经济损失呈明显上升趋势。

为了使政府部门和公众了解甘肃省气象灾害在本区域的发生发展规律及对社会经济的影响，提高全社会气象防灾减灾意识，增强气象防灾减灾的能力和效果，最大限度地减轻或者避免气象灾害造成的人员伤亡、财产损失，甘肃省气象部门对甘肃省气象灾害开展了详细的普查和分析评估。

一、甘肃省气象灾害分布概况

甘肃省气象灾害的种类繁多，灾情较重。主要的气象灾害有干旱、大风、沙尘暴、暴雨、冰雹、雷电、霜冻和干热风等，次生灾害有泥石流、滑坡等。气象灾害及其次生灾害占自然灾害损失的 88.5%，高出全国平均的 18.5%。自新中国成立以来的 50 多年中，甘肃省平均每年因气象灾害及其次生灾害造成的经济损失占 GDP 的 4%～5%，高于全国平均。近几年的经济损失每年在 30 亿元左右。

突发性的极端气象灾害给中小学，特别是地处偏远地区中小学生的人身安全经常造成极大的威胁。例如，1993 年 5 月 5 日，甘肃武威发生了历史上最强的沙尘暴天气，造成 85 人死亡，264 人受伤，31 人失踪，伤亡人员主要为中小学生；2008 年 4 月 27 日贵州省纳雍县阳长镇突降暴雨，山洪暴发，7 名放学回家的小学生被洪水卷走，6 人身亡；2008 年 5 月 23 日，重庆开县境内的兴业村遭雷暴袭击，校内 46 名学生被雷电击伤，7 人死亡、39 人受伤。

甘肃省每年气象灾害造成农业受灾面积 1700 万亩 *，占播种面积的 32%，成灾面积 1200 万亩，占播种面积的 23%。在气象灾害中，干旱灾害占气象灾害受灾面积的 56%，居首位。大

---

* 1 亩＝1/15 公顷，下同。

风和冰雹造成的灾害占气象灾害受灾面积的17%,位居第二。洪涝、霜冻、病虫害和其他灾害各占6%~9%。

气象灾害中对交通运输、城乡人居、生活生产以及学生和老人等较弱群体影响最为严重的主要包括雷暴、大风沙尘暴、冰雹、暴洪及引发的山洪灾害。

(一)甘肃雷暴的分布

雷暴是积雨云云中、云间或云地之间产生的放电现象,表现为闪电兼有雷声,有时只闻雷声而不见闪电。雷暴是一种危险天气现象,不仅影响飞机的飞行安全,干扰无线电通信,而且还可击毁建筑物、输电和通信线路、电气机车,击伤击毙人畜,引起火灾等。因此,在许多工程建筑、通讯和输电线路等设计中,雷暴是一个要考虑的重要气象因素。

甘肃省雷暴的分布是山区和高原多,地势低洼的地方少。全省年平均雷暴日数在6~66天,甘南州是全省雷暴最多的地区,其次是祁连山东段的乌鞘岭,河西西部最少(图1)。

夏季是甘肃省全年雷暴最多的季节,其中7月雷暴日数最多,8月开始逐渐减少;其次是春季,春季气候逐渐变暖,天气多变,雷暴日数猛增;再次是秋季,秋季全省雷暴日数急剧减少;冬季雷暴日数最少,一般不会有雷暴出现。

雷暴是热力对流的产物,因此雷暴多出现在白天。各地雷暴在15—20时出现最多,在06—12时出现最少,13时以后雷暴逐渐增加,21时以后雷暴逐渐减少。

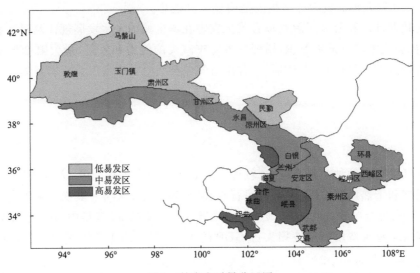

图1 甘肃省雷暴分区图

(二)甘肃大风沙尘暴的分布

由于特殊的地理位置和干旱气候影响,甘肃省西部常发生大规模风沙灾害,被确认为是我国北方沙尘暴源区之一,年沙尘暴日数一般为4~27天,其中三面与沙漠为邻的民勤县年沙尘暴日数为27.4天。陇中和陇东大部为1~3天。陇南和甘南高原,气候比较湿润,大多数地方平均不到1天,是全省沙尘暴最少的地区,其中只有玛曲县可达3.2天。甘肃境内有两个沙尘暴中心,一个在民勤,一个在金塔和鼎新(图2)。

大风沙尘暴灾害主要出现在河西,影响最大的是安西、玉门镇、鼎新、金塔、民勤等地。河西和陇中北部1—2月缓慢增加,4月份出现频率最高,5—8月缓慢减少,9月、10月出现最少。河东大多数地方沙尘暴出现在春季(3—5月),3月开始迅速增加,4月达到最大,5月开始迅速减少,6—12月河东大多数地方不出现沙尘暴。

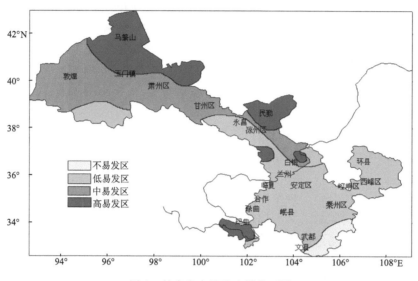

图 2 甘肃省大风沙尘暴分区图

(三)甘肃冰雹的分布

冰雹是甘肃省损失仅次于干旱的灾害类型,每年在作物生长季节都可发生。甘肃省主要冰雹源区均与高大山脉、地势高、地形复杂地区相对应,甘南州、乌鞘岭、临夏、定西和陇东的六盘山地区冰雹较多(图3)。

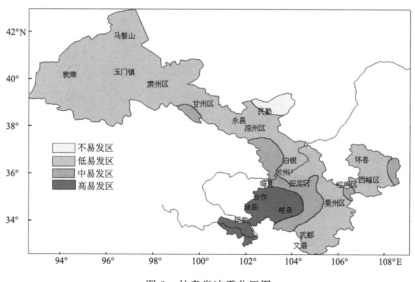

图 3 甘肃省冰雹分区图

全省冰雹日数平均为 1.6 天,最多为 3.7 天(1973 年),最少为 0.6 天(1998 年和 2003 年)。甘南高原是冰雹最多的地方,为 1～6 天;祁连山东段为 1～4 天;临夏州和定西市为 1～ 2 天;河西走廊、兰州和白银两市、陇东和陇南年平均冰雹日数不到 1 天。全省降雹时段具有明显的季节变化,11 月至次年 2 月为无雹时段,3—10 月为降雹时段。

全省大多数地区属于夏雹区,以 6 月中旬至 8 月中旬为主要降雹季节。河西和陇南 9 月为降雹结束月份,陇中、陇东和甘南高原 10 月为降雹结束的月份。

(四)甘肃暴洪的分布

甘肃省暴雨分布趋势为自南向北、自东向西逐渐减少,山区多于平地,南部和东部山区多于中部和西部山区,迎风面多于背风面。

陇南市东南部的两当、徽县、成县、康县是暴雨最多发生区,年平均暴雨日数为 1.6～2.0 天;陇东和天水市的张家川、清水和北道等县(区)是暴雨一般发生区,年暴雨日数为 0.8～1.6 天;临夏、定西、甘南三市(州),陇南市的礼县、西和、武都、文县,天水市的甘谷、秦安、武山、秦城等县(区)及兰州、榆中是暴雨少发生区,年暴雨日数为 0.1～0.8 天;河西五市、白银市及兰州市的永登、皋兰基本为无暴雨区,但部分县(区)四十年左右出现一次暴雨(图 4)。祁连山一带夏季经常有大雨出现,易造成山洪暴发。

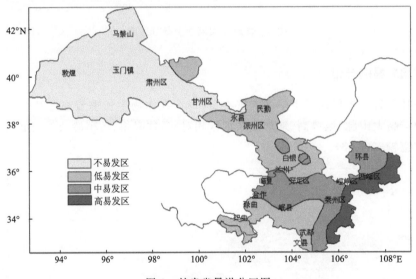

图 4 甘肃省暴洪分区图

河东各地暴雨季节一般在 5—9 月,集中于 7—8 月,其中 70%水灾发生在 7 月、8 月,以 7 月下旬出现频次最高。这两个月的暴雨日数占全年暴雨的 65%～100%。暴雨开始最早、暴雨期最长的是陇南的徽县,4—9 月为暴雨期,时间长达 6 个月。

二、甘肃气象次生灾害的分布

甘肃省地处青藏高原、黄土高原和内蒙古高原的交汇地带。地质环境十分脆弱,由暴雨引发的地质等次生灾害具有发生种类多、频率高、分布面广、灾害严重、损失量大的特点。全省

87个县(市、区)中53个发生过地质灾害,特别是在汛期,受大降水或长期干旱的影响,崩塌、滑坡、泥石流等突发性地质灾害频繁发生,经常造成人民生命财产的重大损失,已对甘肃社会经济可持续发展构成严重威胁。

甘肃省泥石流分布很广泛。其分布特点和暴雨的分布特点很相似,可以说,哪里有暴雨,哪里就有泥石流。泥石流多发生在干旱、半干旱区,以年降水400毫米左右区域最为频繁。一般呈带状、片状或斑状分布。甘肃省泥石流主要出现在河东地区,陇南最多,其次是临夏、天水。

三、甘肃省中小学应对气象灾害的建议

(一)充分认识气象灾害防御的重要性

各级政府及教育主管部门应该提高对气象灾害的认识,充分认识当前气象灾害及其次生灾害多发的严峻形势以及气象灾害防御的必要性和紧迫性,消除麻痹思想和侥幸心理。

(二)根据甘肃省气象灾害的分布特点,重点检查目前校舍存在的安全隐患

根据甘肃省气象灾害的分布特点,全省中小学校舍应重点加强防雷电灾害工作。河西地区主要预防大风沙尘暴,陇东南主要预防暴雨、泥石流、冰雹灾害。

(三)在校舍选址建设时,充分估计气象灾害可能造成的危害

各级政府、教育部门在建设中小学校舍时,要充分考虑气象灾害的危害,在建设前期进行必要的气候可行性论证,根据当地的气候特点、气象灾害的主要类型,选择适当的位置建设。

(四)加强气象灾害的科普宣传,建立联动联防的防灾减灾机制

经常性地开展预防气象灾害的科普宣传教育,建立健全中小学应对气象灾害的防御和救护措施,加强气象灾害的应急处置能力,提高应对各类气象灾害的科学性。

甘肃岷县漳县地震灾区7月以来降水偏多，
预计未来一周将有两次明显降雨过程

马鹏里　王有恒　赵红岩　林婧婧　林纾　杨苏华

(2013年7月22日)

摘要：7月以来，地震灾区降水偏多，未来降水仍将偏多，受降水和地震的影响，山体脆弱性增大，发生地质灾害的风险加大，有关部门需加强监测和巡查，需做好群众和救灾救援人员的防雨、防雷电工作。

一、地震灾区7月以来降水偏多

7月以来，甘肃岷县、漳县一带先后出现5次降雨过程(7月1日、3日、7—10日、14日和21日)，7月1—21日岷县累计降水量为127.5毫米，比常年同期偏多近1倍，比2012年同期偏多47.9毫米；漳县累计降水量为150.5毫米，比常年同期偏多2倍，比2012年同期偏多94.4毫米。

二、地震灾区未来一周天气预报

预计未来一周，地震灾区有两次降雨过程，一次出现在24日下午到25日白天，有中雨、局部大雨并伴有雷电，累计雨量10～20毫米，局地20～40毫米(图1)；另一次出现在26—28日，有小到中雨，累计雨量10～20毫米。岷县23日最高气温25℃，24—31日最高气温18～22℃，最低气温10～14℃。

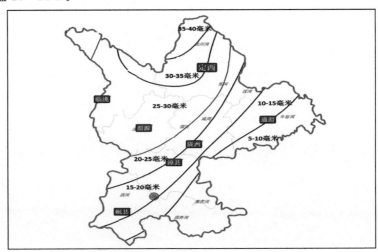

图1　7月24日08时至25日20时降水量预报图

三、关注与建议

(1)7月以来,地震灾区降水偏多,未来降水仍将偏多,受降水和地震的影响,山体脆弱性增大,发生地质灾害的风险加大,有关部门需加强监测和巡查,搭建救灾帐篷和临时救灾点要避开地质灾害隐患点和山洪沟,以防范降水可能引发的地质灾害。

(2)目前正是地震灾区强对流高发时期,需做好群众和救灾救援人员的防雨、防雷电工作。

附:岷县和漳县7月下旬和8月气候背景

岷县7月下旬平均降水量37.8毫米,平均雷暴日数3.1天,平均气温16.9℃;1951年以来岷县7月下旬出现暴雨1次,为2006年7月27日58.0毫米。8月平均降水量102.4毫米,最大降水208.0毫米(1973年),雷暴日数7.8天;8月平均气温15.8℃;1951年以来8月出现暴雨3次,分别为1954年8月29日51.2毫米、1983年8月3日61.5毫米和2006年8月19日58.5毫米。

漳县7月下旬平均降水量33.4毫米,平均气温19.7℃;1951年以来漳县7月下旬出现暴雨2次,分别为1996年7月27日50.5毫米和2003年7月22日112.1毫米。8月平均降水量75.0毫米,最大降水257.8毫米(1973年);8月平均气温18.4℃;1951年以来8月出现暴雨5次,分别是1973年8月8日68.1毫米、1973年8月17日59.6毫米、1980年8月23日54.6毫米、1988年8月7日56.7毫米和2012年8月17日108毫米。

甘肃地震灾区气象灾害风险
分析及灾后恢复重建建议[*]

马鹏里　赵红岩　王有恒　林纾　林婧婧　郭俊琴

（2013 年 8 月 7 日）

摘要：甘肃地震灾区地处西秦岭山脉与黄土高原台地的交汇地带，海拔高度在1930～3941 米，气候复杂多样，其中，岷县属于高原性大陆气候，漳县属湿润半湿润气候。地震灾区年降水量一般在 420～570 毫米，具有以下特点：一是雨季较为明显。降水量主要集中在 5—9 月，其余时段降水较少；最大月降水量在 166.4～205.8 毫米，主要出现在 7 月或 8 月。二是阴湿天气多。地震灾区年降雨日数有 100～140天，其中岷县为 127 天；漳县为 108 天。三是气温低，秋寒早。地震灾区年平均气温在 3.5～9.9℃，初霜初雪出现早，秋季各月平均气温在 1.8～13.9℃，岷县最早初雪出现在 9 月 14 日，漳县出现在 10 月 1 日。

地震灾区主要气象灾害为暴雨洪涝，其次是冰雹灾害。岷县近 30 年 8 月暴雨洪涝灾害出现 12 次，冰雹灾害 2 次；漳县近 30 年暴雨洪涝灾害出现 15 次，冰雹灾害 2 次。

预计未来 10 天，甘肃岷县漳县地震区多阵性降雨，累计降雨量 3～10 毫米，局地 15～30毫米。预计 8 月，地震灾区降水量较常年同期偏多 10％～20％，平均气温接近常年。

因此建议：一是灾后恢复重建规划和重大工程建设中，应充分考虑暴雨洪涝等气象灾害风险，提高灾后恢复重建的科学性；二是今年入汛以来地震灾区降水偏多，未来降雨仍较多，需继续做好灾后过渡安置和恢复重建阶段的防灾减灾工作，尤其要注意防范暴雨及其可能诱发的山洪地质灾害；三是地震灾区气温低，秋寒早，初霜和初雪出现早，需尽早做好灾区群众防寒保暖工作。

一、甘肃地震灾区主要气候特点

地震灾区（岷县、漳县、宕昌县、卓尼县、临潭县、渭源县、武山县）位于甘肃西南部，地处西秦岭山脉与黄土高原台地的交汇地带，海拔高度在 1930～3941 米。灾区气候复杂多样，北部为干旱区，降水少，植被差；西部（卓尼县和临潭县）属大陆性气候，高寒阴湿；东部和南部（武山县、宕昌县）属大陆温带季风气候区，气候温和，光照充足，冬无严寒，夏无酷暑。漳县属湿润半湿润气候。岷县属于高原性大陆气候，高寒阴湿气候特点突出，降雨量多，气温低，无霜期短，多冰雹等自然灾害。

＊ 入选 2013 年全国优秀决策气象服务材料汇编。

(一)年降水量差异大,降水日数较多

雨季较为明显,降水主要集中在5—9月。地震灾区位于陇中、陇南、甘南结合部,是甘肃省降水量较多的区域之一,年降水量一般在420～570毫米,其中东北部不足500毫米,岷县最大年降水量为709.3毫米(1984年),漳县663.1毫米(2003年)。降水量主要集中在5—9月,月降水量一般有50～100毫米,最大月降水量出现在7月或8月,岷县为199.6毫米(2003年8月),漳县为166.4日毫米(1992年7月)。10月至次年4月降水量较少,一般不足50毫米(图1)。

降雨日数多,阴湿特征突出。地震灾区年降雨日数为100～140天,其中岷县127天,最多年份(1967年)可达174天;漳县年降水日数108天,最多135天(1967年);秋季雨日数为27～34天,岷县32天,最多51天(1967年);漳县28天,最多41天(1975年)。地震灾区暴雨日数较少,岷县(2006年)、漳县(1973年)和渭源(1996年)最多为2天;临潭没有出现过暴雨。

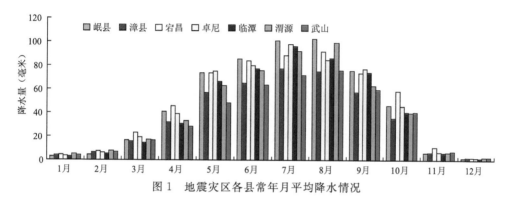

图1　地震灾区各县常年月平均降水情况

(二)平均气温低,昼夜差异大

平均气温低。地震灾区年平均气温3.5～9.9℃,平均最高气温在13.5～16.5℃,平均最低气温在−0.3～5.4℃,极端低温一般在−27.1～−17.5℃。岷县年平均气温在6.1℃,平均最高气温在13.4℃,平均最低气温在0.7℃。冬季各月平均气温在−6.0～−2.7℃,秋季各月平均气温在−0.9～12℃,极端低温−26.3℃(1957年)。漳县年平均气温在7.8℃,平均最高气温在14.3℃,平均最低气温在2.4℃。冬季各月平均气温在−5.3～−1.8℃,秋季各月平均气温在1.8～13.9℃,极端低温−22.6℃(1975年)(图2)。

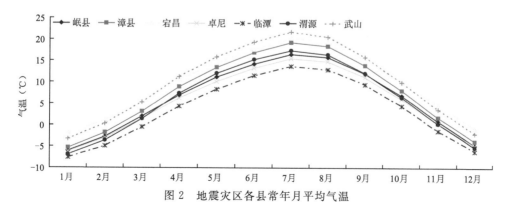

图2　地震灾区各县常年月平均气温

昼夜温差大。地震灾区年平均昼夜温差 11.0～13.0℃,年最大昼夜温差岷县为 32.8℃,漳县 29.9℃。8 月昼夜温差平均在 12.0℃以上,其中,岷县为 12.2℃,漳县 12.0℃;8 月昼夜温差最大可达 22.0℃以上,其中,岷县为 23.3℃(1997 年 8 月 24 日),漳县为 22.3℃(1985 年 8 月 2 日)。

二、地震灾区主要气象灾害是暴雨洪涝,其次是冰雹

根据最近 30 年气象资料分析,地震灾区主要气象灾害是暴雨洪涝,其次是冰雹灾害,低温和雷电灾害也时有发生。

暴雨洪涝灾害多。地震灾区多局地短时强降雨天气,8 月和秋季都可能出现暴雨洪涝,最近 30 年中,8 月出现暴雨洪涝灾害 3～15 次,其中,岷县和漳县分别出现暴雨洪涝灾害 12 次和 15 次;秋季暴雨洪涝灾害 1～2 次,岷县和漳县各出现 1 次。

风雹灾害影响大。地震灾区冰雹、大风灾害多,8 月份和秋季都可能出现冰雹灾害,8 月份出现冰雹灾害 2～9 次,岷县和漳县各出现 2 次;秋季出现冰雹灾害 1～5 次。2012 年 5 月 10 日甘肃岷县就出现了特大冰雹山洪泥石流灾害,造成重大人员伤亡和财产损失。

初霜和初雪出现早。地震灾区最早初霜日出现在 7 月 29 日(1989 年),岷县最早在 8 月 25 日(1986 年),漳县在 9 月 15 日(1987 年);无霜期一般在 97～192 天,最短仅 5 天(1973 年),其中,岷县无霜期平均为 136 天,最短 83 天(1969 年),漳县无霜期 161 天,最短 47 天(2004 年)。地震灾区最早初雪出现在 8 月 12 日(1994 年),岷县初雪最早在 9 月 14 日(1985 年),漳县在 10 月 1 日(2003 年)。

雷电灾害较多。地震灾区年雷暴日数一般为 16～45 天,主要集中在 5—8 月,平均每月 8 天左右。岷县年雷暴日数 45 天,3—11 月均有雷暴,以 5—8 月雷暴日数最多,一般在每月 8 天左右。漳县年雷暴日数为 16 天,4—10 月均有雷暴出现。

三、今年以来地震灾区气候及主要气象灾害

(一)今年以来地震灾区气候特点

地震灾害发生前降水偏多、气温偏高。地震灾害发生前(1 月 1 日至 7 月 21 日),灾区降水量在 310～390 毫米,较常年偏多 30%～50%。其中岷县降雨量 385.2 毫米、偏多 33%,漳县 346.6 毫米、偏多 53%。平均气温 7.5℃,较常年偏高 1.4℃,其中岷县 7.0℃,较常年同期偏高 1.4℃,漳县 9.1℃,偏高 1.8℃。

地震灾害发生后降水偏多、气温偏低。7 月 22 日以来,灾区平均降雨量 30～80 毫米,接近常年或偏多,其中,岷县 82.7 毫米、漳县 44.9 毫米,较常年同期分别偏多 132% 和 47%。平均气温 17.2℃,较常年偏低 1℃;岷县和漳县平均气温分别为 16.3℃ 和 18.6℃,分别较常年偏低 0.6℃ 和 1.1℃。

截至目前,今年以来地震灾区平均降水量 420.5 毫米,较常年偏多 30%～50%;平均气温 7.6℃,较常年偏高 1℃。

(二)今年以来主要气象灾害

今年以来,地震灾区遭遇严重春旱,汛期暴雨洪涝、冰雹等气象灾害影响大。

初春降水少,部分地区出现干旱。3月地震灾区降水偏少90%以上,其中,漳县全月基本无降水。由于持续降水偏少,导致岷县、漳县、武山、临潭、渭源等地出现严重春旱,直到5月才明显缓解。

局地暴雨多,灾害损失重。自6月20日开始,灾区强降雨过程明显增多,6月20日至今,先后出现7次较强降雨过程,其中地震灾害发生前5次(6月20—21日、7月3—4日、7月7—10日、7月8—14日、7月17日),灾害发生后2次(7月24—25日、7月28日)。其中,6月20—21日,上述地区普降大到暴雨、局地大暴雨,康县1小时降水量达到64.4毫米,天水市出现50年不遇的区域性暴雨,日麦积、张家川、清水、秦安等县(区)日降水量突破历史极值,多地受灾。7月24—25日,灾区普降大雨、局部暴雨,天水市秦州区大门乡等地出现大暴雨,引发山体崩塌、泥石流等灾害,造成16人死亡、4人失踪。

冰雹灾害多发。今年自4月下旬开始,地震灾区冰雹大风天气多发,主要集中在4月下旬至6月下旬,两个月时间内共出现5次冰雹、大风天气(4月25日、4月27日、5月13—14、5月21日、6月27日)。4月25日18时左右,宕昌县出现雷雨大风和冰雹,冰雹直径达1.5～3厘米,局地冰雹堆积厚度达10～15厘米,致使部分乡镇农作物、林果严重受灾;5月13—14日,岷县出现冰雹过程,造成农作物大面积受灾。

四、8月和秋季地震灾区的气候趋势预测

预计未来10天,甘肃岷县漳县地震区多阵性降雨,累计降雨量3～10毫米,局地15～30毫米。

预计8月,震区处于多雨带,降水量较常年偏多10%～20%,气温接近常年同期。

预计秋季,地震灾区降水量较常年同期偏多20%左右,其中,9月略偏多,10月偏多10%～20%;平均气温略偏高。

五、关注与建议

一是在灾后恢复重建规划和重大工程建设中,应充分考虑暴雨洪涝、冰雹等气象灾害风险,提高灾后恢复重建规划的科学性和重大基础设施抗灾能力。

二是由于地震灾区前期降水偏多,且预计8月地震灾区降雨仍偏多,暴雨及其诱发的山洪地质灾害风险高,需继续做好灾后过渡安置和恢复重建阶段的防灾减灾工作,尤其要做好山洪地质灾害和雷电、冰雹防御工作。

三是地震灾区气温低,初霜和初雪出现早,需尽早做好防寒保暖各项准备,确保灾区群众安全过冬。

致谢:感谢国家气候中心郭战峰、张存杰等有关专家到甘肃亲临指导并提供有关的材料与素材。

11月以来甘肃省降水偏少，气温偏高，
森林草原火险等级高

方锋　韩兰英　赵红岩　王小巍　刘丽伟　卢国阳
（2016年12月15日）

摘要：2016年11月以来，甘肃省冷空气活动偏少偏弱，气温偏高，降水量和降雨（雪）日数少；陇中北部和陇东等地降水偏少8成以上，省内其余地方偏少20%～60%；全省大部空气相对湿度偏低，空气干燥，森林草原火险等级持续处于高的状态。预计2016年/2017年冬季降水河西中东部和陇中偏多20%，省内其余地方偏少10%～20%。河西大部气温偏低0.5～0.8℃，省内其余地方偏高1℃左右。建议做好森林草原防火、病虫害防控工作。

一、前期主要气候特征

2016年11月以来（11月1日至12月13日，下同）全省平均气温为1.9℃，较常年同期偏高1.8℃，为1961年以来同期第三高（2015年2.7℃，1994年2.6℃）。全省平均降水量2.3毫米，较常年同期偏少68%，为1961年以来第三少（1998年1.3毫米，2010年1.7毫米）；降水日数为近6年最少。与常年同期相比，陇中北部和陇东等地降水偏少60%～100%，省内其余地方偏少20%～60%（图1）。兰州市自10月29日以来，近50天持续无降水。

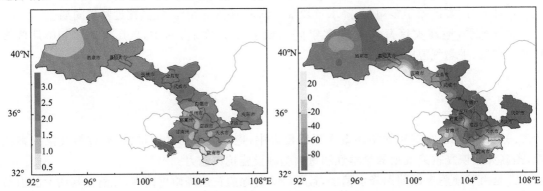

图1　甘肃省2016年11月1日至12月13日平均气温距平（左，℃）及降水距平百分率（右，%）分布图

二、主要气候事件影响

（1）空气湿度小，森林草原火险等级高。11月以来，全省大部空气相对湿度在65%以下，河西大部低于45%；与常年同期相比，张掖市中东部、武威市、定西市中部、甘南州西南部、平凉市北部和庆阳市西南部等地偏低10～16个百分点，省内其余大部偏低5～10个百分点（图

2)。入冬以来全省各林区森林火险等级持续处于四级以上,属于高度危险。空气干燥对生态环境和人体健康也有较大影响。

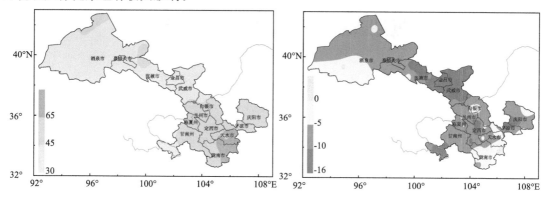

图2　甘肃省2016年11月1日至12月13日平均相对湿度(左,%)及距平(右,%)分布图

(2)近期冷空气活动弱,空气污染扩散气象条件差。前期大风和沙尘主要发生在11月,进入12月以来,冷空气较弱,受其影响全省大部空气污染扩散气象条件差,整体空气质量指数(AQI)指数偏高。

(3)气象干旱等级低,对农业生产影响小。目前全省冬小麦冬油菜等越冬作物处于越冬休眠期,受气象干旱影响小。根据气象综合干旱指数(MCI)分析,11月1日至12月13日,甘肃省仅有安定、正宁、灵台、泾川、文县有轻旱,省内其余地方无旱(图3)。

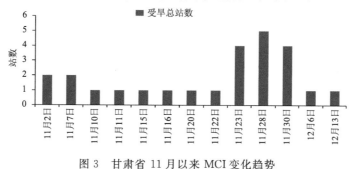

图3　甘肃省11月以来MCI变化趋势

三、未来气候趋势预测

预计12月中下旬,甘肃省降水过程偏少偏弱。2017年1—2月降水,河西中东部、甘肃中部偏多2成左右,省内其余地方偏少1~2成。

预计冬季(2016年12月—2017年2月)平均气温,河西大部偏低0.5~0.8℃,省内其余地方偏高1℃左右。1月气温,河西大部偏低,省内其余大部略偏高;2月全省大部偏高1℃左右。

四、生产建议

(1)冬季甘肃省大气干燥,建议林区警惕森林草原火灾,加强森林和草原防火工作。
(2)气温偏高易于河东虫卵越冬及病菌繁殖,相关部门需做好病虫害防控工作。

近期森林草原火险风险等级高

马鹏里　王有恒　赵红岩　王小勇
（2017年2月15日）

摘要：入冬以来，冷空气活动次数少强度弱，甘肃省出现近60年来最暖冬季；由于气温偏高，83％区域平均气温突破历史极值；60％区域降水量偏少50％以上，河西和陇中北部等地连续无降水日数在40天以上，兰州达102天；全省大部地区空气相对湿度偏低，空气干燥，森林草原火险风险等级高。

一、气候概况

入冬以来（2016年12月1日至2017年2月12日，下同），冷空气活动少气温异常偏高，全省平均气温为−2.4℃，比常年同期（−4.7℃）偏高2.3℃（1961年来最高）；最低气温不大于−10℃和不大于−20℃日数均为1961年来最少。从空间分布来看，全省大部地区气温偏高2～3℃，83％的区域平均气温破历史极值，60％的区域降水量偏少50％～90％（图1）。

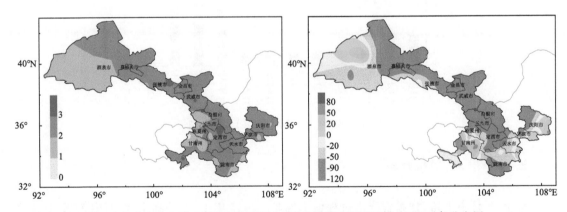

图1　甘肃省入冬以来平均气温距平（左，℃）及降水距平百分率（右，％）分布图

二、主要气候特点

冷空气活动少强度弱，气温高。入冬以来，甘肃省仅出现3次冷空气过程，且持续时间短，出现1961年来最暖的冬季，其中12月平均气温较常年同期偏高2.7℃，河西五市偏高在3.0℃以上，1月平均气温偏高2.0℃，河东各市偏高在2℃以上（图2）。

降水日数少，无降水日数持续时间长。入冬以来，甘肃省平均降水日数仅为2.5天，较常

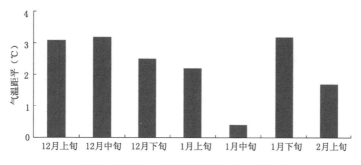

图 2　甘肃省入冬以来平均气温逐旬演变

年同期偏少 5 天,为 1961 年以来次少。10 月下旬末起甘肃省部分地区无有效降水,酒泉、张掖、武威、兰州、白银 5 市的 20 县区连续无降水日数在 40 天以上,其中省会兰州 2016 年 10 月 29 日至 2017 年 2 月 7 日无有效降水,无降水日数长达 102 天。

空气湿度小,森林草原火险等级高。入冬以来气候干燥,全省大部地区空气相对湿度在 65% 以下,河西大部、陇中北部低于 45%,全省各林区森林火险风险等级高。

三、甘肃省森林火险气象等级预报

预计 2 月中下旬甘肃省各大森林区的火险气象等级仍处于高度危险状态,特别是河西及甘肃省中部的各大森林区的火险气象等级处于极度危险,极易燃烧、蔓延,要特别注意用火(图 3)。由于冬季气候干燥,至清明节前后依然是森林草原防火重点时期,建议警惕森林草原火灾,加强森林和草原防火工作。

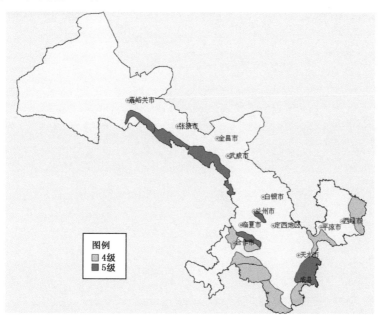

图 3　2017 年 2 月中下旬甘肃省森林火险等级预报图

具体预报如下：

林区	火险等级	危险程度	防火建议
白龙江林区	四级	高度危险	容易燃烧、蔓延，警惕森林火灾
大夏河林区	四级	高度危险	容易燃烧、蔓延，警惕森林火灾
关山林区	四级	高度危险	容易燃烧、蔓延，警惕森林火灾
康南林区	四级	高度危险	容易燃烧、蔓延，警惕森林火灾
连城林场	五级	极度危险	极易燃烧、蔓延，警惕森林火灾
马衔山林区	五级	极度危险	极易燃烧、蔓延，警惕森林火灾
岷江林区	四级	高度危险	容易燃烧、蔓延，警惕森林火灾
祁连山东段	五级	极度危险	极易燃烧、蔓延，警惕森林火灾
祁连山西段	五级	极度危险	极易燃烧、蔓延，警惕森林火灾
祁连山中段	五级	极度危险	极易燃烧、蔓延，警惕森林火灾
太子山林区	五级	极度危险	极易燃烧、蔓延，警惕森林火灾
洮河林区	四级	高度危险	容易燃烧、蔓延，警惕森林火灾
小陇山林区	五级	极度危险	极易燃烧、蔓延，警惕森林火灾
子午岭林区	四级	高度危险	容易燃烧、蔓延，警惕森林火灾
兴隆山林区	五级	极度危险	极易燃烧、蔓延，警惕森林火灾
莲花山林区	五级	极度危险	极易燃烧、蔓延，警惕森林火灾

致谢：感谢甘肃省气象服务中心提供相关素材。

第二篇

生态文明建设

甘肃祁连山区气候生态环境监测报告*

马鹏里　方锋　王有恒　韩涛　林婧婧　李晓霞

高伟东　朱飙　韩兰英　赵红岩　林纾

（2017 年 10 月 11 日）

摘要：按照省委省政府关于做好甘肃省祁连山区生态保护的工作要求，甘肃省气象局利用多年遥感资料及地面生态监测数据系统分析了祁连山区气候变化和生态环境特征，结果表明：1973—2016 年，祁连山区年平均气温升高显著，平均每 10 年升高 0.45℃，明显高于全国和全球平均水平；年降水量增多，2005 年来增加了 45 毫米；强降水次数增多，强度增强；干旱日数减少，但变湿不明显；山区上空年均总水汽含量增加。受气候变暖和人类活动的影响，祁连山区冰川和积雪面积减少，雪线上升；河西三大内陆河径流量近十年增加。近年来，政府生态保护力度的加大和国家生态安全屏障综合试验区的建设，祁连山区植被净第一性生产力总体稳定，2000 年以来稳中有增；植被整体改善，局部退化；河西走廊气候生产潜力呈增加趋势，石羊河流域降尘下降，沙丘移动趋缓，沙漠生态环境总体改善。

预计未来气候仍将保持变暖趋势，降水量增加；由于河西多种灾害风险耦合，大风沙尘暴、暴雨洪涝和低温灾害风险高；河西生态高脆弱性分布格局短期内不会改变，祁连山生态环境保护工作仍将面临更大挑战，建议以尊重自然、顺应自然、保护自然的理念建设祁连山生态安全屏障区；加强祁连山区生态气候环境监测预警和研究工作；加快实施祁连山人工增雨（雪）工程，提高气象防灾减灾能力；开展生态红线划定研究；建立多元生态补偿机制。

一、祁连山区气候变化

祁连山位于青藏高原东北边缘，呈西北—东南走向，长约 850 千米，平均海拔 4000～4500 米，海拔 4000 米以上的山区终年积雪，发育着现代冰川。祁连山区气候属高山高原气候类型，区内气候寒冷，年平均气温低于 4℃，年平均降水量在 100～600 毫米，是一座天然"高山水塔"；区内高海拔处气温较低，降水较多；水平分布祁连山东段湿度大，降水多，西段气候干燥，降水少。

祁连山是我国高原生态安全屏障的重要组成部分，是我国重要的生态功能区、西北地区重要的生态安全屏障和河流产流区，供给着甘肃河西石羊河、黑河、疏勒河三大水系、56 条河流的水源，年平均向下游输出水量达 60 多亿立方米，构成河西走廊平原及内蒙古西部绿洲发展存亡和生态有序演替的生命线。祁连山的生态保护和治理，已成为保持河西地区乃至整个西北人与自然和谐发展的关键问题。气候变化直接影响祁连山区的生态环境，制约当地经济的

＊ 入选 2017 年全国优秀决策气象服务材料汇编。

发展,因此,加强祁连山区气候变化、生态环境监测和研究,对改善区内生态环境和充分利用空中水资源具有重要意义。

(一)气温升高显著

1973—2016年,祁连山区年平均气温呈显著上升趋势(图1),平均每10年升高0.45℃,明显高于全国(0.23℃/10年)和全球(0.12℃/10年),近44年升高了1.9℃;1997年以后升温更为明显。1998—2016年平均气温(2.3℃)较1973—1997年(1.2℃)偏高1.1℃,2016年平均气温创历史新高。祁连山区年平均气温自西向东升高幅度逐渐增大,介于1.3℃(肃北)到3.0℃(民乐);疏勒河上游升温相对较小,升高1.7℃,黑河上游、石羊河上游升高了2.0℃。

祁连山区年平均最高和最低气温均为上升趋势,尤其年平均最低气温近44年上升了2.1℃,高于年平均最高气温(1.8℃)和年平均气温(1.9℃)的升温幅度,且自西向东逐渐增加,石羊河上游升温幅度最大,达2.4℃。

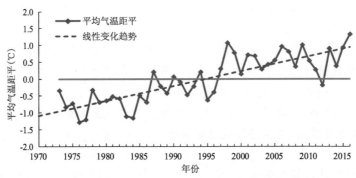

图1 1973—2016年祁连山区年平均气温距平

(二)降水趋于增多

祁连山区年降水量自西向东在100～600毫米,1973—2016年降水量呈增多趋势(图2),自2005年开始祁连山区降水增多趋势明显,平均增加了45毫米,但区域降水变化差异大。疏勒河上游1990—1997年降水处于少雨时段,1998年以来降水处于多雨时段,平均增加了44毫米;黑河上游1973—2006年降水总体偏少,近10年降水持续偏多,增加了56毫米;石羊河上游平均增加了21毫米,但降水变化幅度大,最多年(2003年579.3毫米)与最少(1991年352.8毫米)相差226.5毫米。

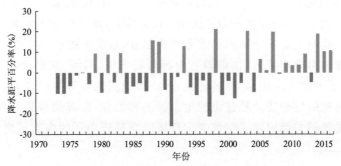

图2 1973—2016年祁连山区年降水距平百分率

(三)强降水次数明显增多,雨强增大

1973—2016 年,日降水量大于 25 毫米的强降水日数明显增加,增幅为 0.8 天/10 年。从空间分布来看,强降水日数自西向东逐渐增大;但各段差异明显,疏勒河上游增加最明显。祁连山区日最大降水量一般在 15~40 毫米,疏勒河上游日最大降水量大于 40 毫米的出现 10 次,大于 50 毫米的出现 4 次(1994 年、2011 年、2012 年、2015 年),近 6 年占 3 次,2012 年达 93.8 毫米,居历史最高。石羊河上游日最大降水量大于 40 毫米的 10 次事件均出现在 1990 年以后,大于 50 毫米出现 2 次(1990 年、2003 年),1990 年达 55 毫米,居历史最高。黑河上游大于 40 毫米的 10 次,各年代分布比较均匀,大于 50 毫米仅在 1987 年出现,为 54.6 毫米。

(四)干旱日数明显减少

1973—2016 年,祁连山区年平均干旱日数呈减少趋势(图 3),平均每 10 年减少 10 天。祁连山地区降水虽有所增加,但变湿不明显。不同年代际干旱程度呈现不同的变化趋势。1991—2002 年,干旱日数相对较多,平均达 118 天。2003 年以来干旱日数逐渐减少,2015 年最少。

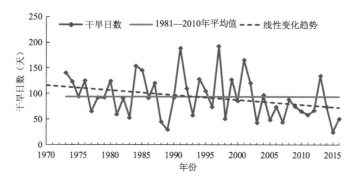

图 3　1973—2016 年祁连山区年干旱日数变化

(五)祁连山区域上空年均总水汽含量逐渐增加

祁连山是西北干旱区重要的内陆"水塔",开发利用祁连山区空中云水资源对缓解该地区水资源问题具有重要意义。利用欧洲中心 1980—2016 年 ERA-Interim 再分析资料,计算整个祁连山区域自地面到 300 百帕高度垂直累积水汽分布,祁连山区域垂直累积水汽含量在 3.1~8.6 千克/平方米,高值中心主要在祁连山甘肃省境内,低值中心在祁连山区域中部偏西地区(图 4)。

用单位面积垂直累积水汽和祁连山面积的乘积,可得到 1980—2016 祁连山区域上空年均水汽总量为 10.5×10^{11} 千克,水汽总量呈现逐渐增加趋势(图 5)。

二、祁连山区气候变化对生态环境的影响

(一)祁连山区冰川和积雪面积减少,雪线上升

1956 年以来,祁连山区冰川面积减少 168 平方千米,冰储量减少 70 亿立方米,分别减少了 12.6% 和 11.5%。冰川局部地区的雪线以年均 2.0~6.5 米的速度上升,总上升幅度达

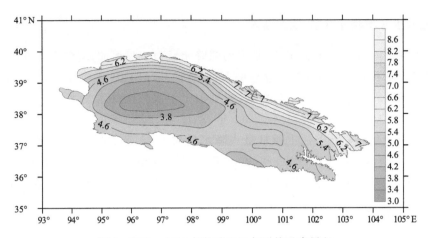

图4 1980—2016年祁连山区年平均垂直累积
水汽含量空间分布图（千克/平方米）

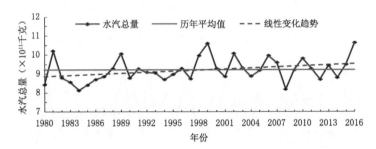

图5 1980—2016年祁连山区上空全年垂直累积水汽含量随时间的变化

100～140米。预计祁连山区雪线将由2000年的4500～5100米上升到4900～5500米,面积在2平方千米左右的小冰川将在2050年左右基本消亡。气候变暖和人类活动增加使得冰雪融化速度加剧,短期会造成河流水量增加。

21世纪以来祁连山区季节性积雪总面积呈轻微减少趋势,东、中段减少较大,西段有微弱减少。根据卫星资料分析,积雪总面积最大出现在2008年,为15218.6平方千米,2013年最小为8283.8平方千米(图6)。积雪面积年内变化呈双峰波动,最大积雪面积发生在11月中旬左右,最小积雪面积发生在8月。

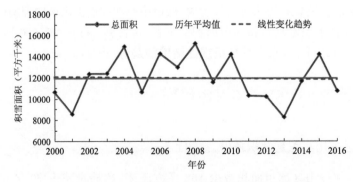

图6 2000—2016年祁连山区季节性积雪总面积变化

(二)河西走廊三大内陆河径流量波动增加

20 世纪 70 年代以来,黑河和疏勒河年径流量呈波动增加,黑河增幅约为 1.3 亿立方米/10 年,疏勒河增幅约为 1.2 亿立方米/10 年;2016 年,黑河和疏勒河年径流量分别为 22.4 亿立方米和 14.7 亿立方米(图 7)。石羊河年径流量呈先减少后增加的趋势,1970—2000 年,石羊河径流量以 0.89 亿立方米/10 年的速度减少;21 世纪以来,年径流量开始波动增加,增幅为 1.5 亿立方米/10 年;2016 年,年径流量为 3.37 亿立方米。

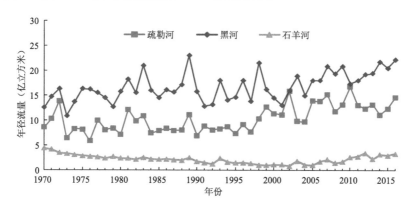

图 7　1970—2016 年河西走廊三大内陆河年径流量变化

(三)祁连山区植被净第一性生产力总体稳定,2000 年以来稳中有增

植被净第一性生产力(Net Primary Productivity,简称 NPP),指绿色植物在单位时间、单位面积上由光合作用所产生的有机物质总量中扣除自养呼吸后的剩余部分,单位为克碳/(平方米·年)。准确估计 NPP 有助于了解全球碳循环;NPP 也是陆地生态系统中物质与能量运转的重要环节。本报告将 NPP 作为评价祁连山区生态质量的指标。

(1)植被 NPP 自西向东逐渐增加

祁连山区面积约为 19.2 万平方千米,其中植被面积约为 12.4 万平方千米,占总面积的 64.8%。

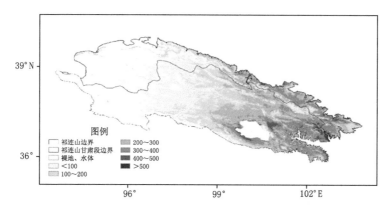

图 8　2000—2016 年祁连山区 NPP 平均分布特征图(克碳/(平方米·年))

祁连山区植被NPP分布差异大,东部地区NPP年累积值最大,多在200～400克碳/（平方米·年）,最高可达400克碳/（平方米·年）之上;中部地区存在较明显的南北差异,偏南地区在100～300克碳/（平方米·年）,偏北地区在100～400克碳/（平方米·年）;西部大多地区NPP小于100克碳/（平方米·年）（图8）。祁连山区NPP总体呈现东多西少的特征,与祁连山区降水空间分布基本一致。具体分布状况见表1。

表1　祁连山区各级NPP面积与分布区域

NPP分级（克碳/（平方米·年））	面积（平方千米）	面积百分比（％）	分布区域
NPP＜100	31697	16.5	肃南县西部、肃北县南部
100＜NPP≤200	26604	13.9	肃南县北部、天祝县东部
200＜NPP≤300	27178	14.2	肃南县大部、天祝县东部
300＜NPP≤400	17679	9.2	天祝县大部、肃南县东部
400＜NPP≤500	2268	1.2	天祝县北部
NPP＞500	407	0.2	天祝县零星分布

（2）2000年以来植被NPP年平均值波动上升

2000—2016年祁连山区年平均NPP呈波动上升（图9）,最大值出现在2016年,为209.9克碳/（平方米·年）,最小平均值出现在2000年,为156.7克碳/（平方米·年）。2000—2004年间,NPP呈迅速波动上升趋势,但该五年NPP在平均值（187.5克碳每平方米每年）以下;2005—2008年,NPP达到平均值以上,且基本呈稳定状态;2009—2016年,NPP平均值波动较大,在2016年上升到历年最大值。

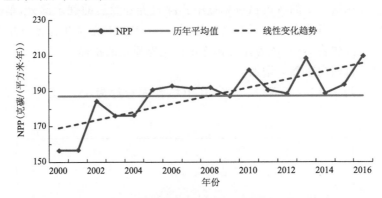

图9　2000—2016年祁连山区NPP年平均值变化

（3）2000年以来植被NPP空间变化趋势总体稳定,局部以升高为主

2000—2016年,祁连山区NPP总体呈稳定趋势,NPP基本稳定的面积为109431平方千米,占祁连山区总面积的57.1％（图10）,其中在甘肃境内NPP基本稳定的面积为25742平方千米,占祁连山区甘肃境内面积的38.4％;NPP总体升高（升高和轻微升高）的面积为10686平方千米,占祁连山区总面积的5.6％;NPP总体降低（降低和轻微降低）的面积为4089平方千米,占祁连山区总面积的2.1％（表2）。

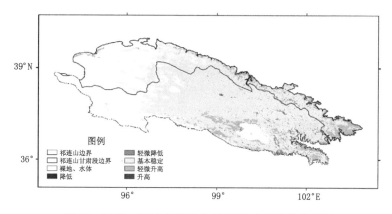

图 10　2000—2016 年祁连山区 NPP 空间变化趋势图

表 2　2000 年以来祁连山区甘肃境内 NPP 空间变化趋势

NPP 空间变化趋势	面积(平方千米)	占祁连山区甘肃境内面积比(%)	主要分布区域
升高	39	0.058	天祝县南部
轻微升高	5458	8.138	肃南县北部、天祝县东部
降低	2	0.002	在肃南、天祝县零星分布
轻微降低	863	1.287	肃南县东部、天祝县中部

　　总体来看,2000 年以来祁连山区植被 NPP 空间变化趋势稳定,NPP 总体升高的范围比较分散,面积比总体降低的大。

(四)2000 年以来祁连山区生态质量总体改善

　　在 NPP 的基础上,构建生态监测气象评价指数 EMI,作为评价指标,并确定如下分级标准(表 3),进行生态质量气象评价:

表 3　生态监测气象评价指数(EMI)

生态监测气象评价指数(EMI)分级	生态评价等级
EMI<−50	很差
−50≤EMI<−25	较差
−25≤EMI<25	正常
25≤EMI<50	较好
EMI≥50	很好

　　2000 年以来(图 11),祁连山区 EMI 变差(很差和较差)的区域面积百分比最大值出现在 2001 年,为 27.01%,最小值出现在 2010 年,为 0.16%,变差的区域面积总体呈波动下降趋势。EMI 变好(较好和很好)的区域面积百分比最大值出现在 2013 年,为 17.0%,最小值出现在 2004 年,为 0.19%,变好的区域面积总体呈波动上升趋势。自 2000 年以来祁连山区生态质量气象评价结果为总体改善。

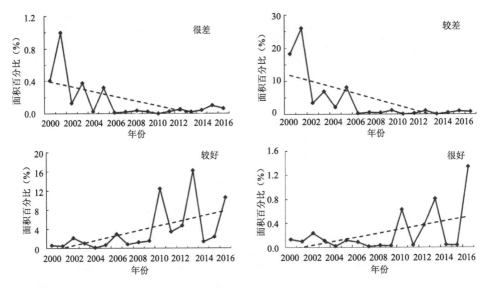

图11　2000—2016年祁连山区EMI各等级区域面积百分比变化

图12分别为2000年、2008年和2016年祁连山区EMI的分布特征,可见祁连山区2000年EMI分布主要是正常和较差,2008年EMI分布主要是正常,2016年EMI分布主要是正常和较好(表4)。

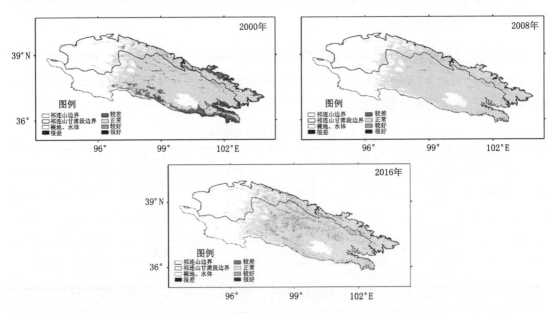

图12　2000年、2008年和2016年祁连山区EMI分布特征图

表 4　祁连山区甘肃境内各级 EMI 面积

EMI 等级	2000 年		2008 年		2016 年	
	面积(平方千米)	面积比(%)	面积(平方千米)	面积比(%)	面积(平方千米)	面积比(%)
很好	30	0.044	5	0.007	268	0.400
较好	158	0.236	489	0.729	2884	4.300
正常	21010	31.329	26081	38.892	23234	34.645
很差	74	0.110	3	0.004	8	0.012
较差	5386	8.031	79	0.117	264	0.393

(五)1961 年以来河西走廊气候生产潜力呈增加趋势,降水起主导作用

1961 年以来河西走廊气温生产潜力呈增加趋势,其中自 1997 年以来,增加趋势明显(图 13)。祁连山区降水生产潜力明显高于走廊地区,且东部高于中西部(图 14)。

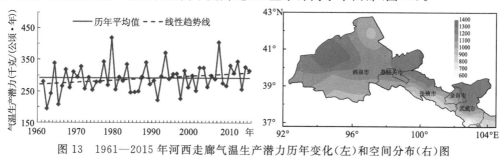

图 13　1961—2015 年河西走廊气温生产潜力历年变化(左)和空间分布(右)图

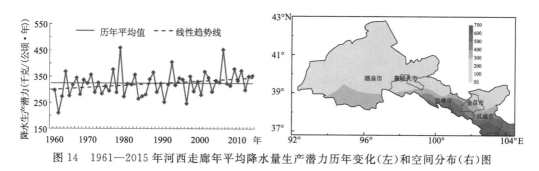

图 14　1961—2015 年河西走廊年平均降水量生产潜力历年变化(左)和空间分布(右)图

河西走廊地区气候生产潜力与年平均气温相关较弱,与年降水量的相关较强。降水量是限制地区气候生产潜力的主导因素(图 15)。

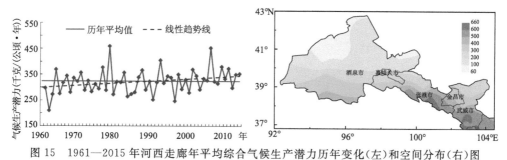

图 15　1961—2015 年河西走廊年平均综合气候生产潜力历年变化(左)和空间分布(右)图

降温对气候生产潜力的影响比升温略大,降水量减少对气候生产潜力的影响较降水量增多略大。冷干效应对河西气候生产潜力的影响略大于暖湿效应。

气候变化对气候生产潜力的影响因子中,降水效应远超过温度效应,即增湿效益要比增暖效益显著。在气候持续变暖的背景下,祁连山区气候生产潜力的提升将取决于降水的增多。

(六)河西走廊降尘下降、沙丘移动趋缓、地下水位有所回升

(1)河西走廊年降尘总量呈显著下降趋势

2005—2016年河西走廊东北部民勤县年平均大气降尘总量在400吨/(平方千米·年),2010年以后降尘总量呈明显下降,2015年在300吨/(平方千米·年)以下,2016年在200吨/(平方千米·年)以下(图16)。河西走廊中段酒泉市肃州区2004—2016年大气降尘总量在200吨/(平方千米·年)附近波动。河西走廊最西端敦煌市年降尘总量2009年436.48吨/平方千米,2010年降尘总量较2009年下降了48%,2010年开始缓慢上升,2014年降尘总量基本达到2009年高度,近2年开始下降。

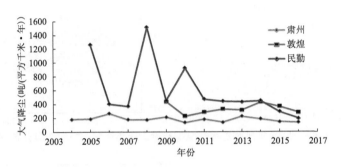

图16　2004—2016年河西地区大气降尘总量变化

(2)石羊河流域沙丘移动总体趋缓,土壤风蚀明显减轻

2005—2016年,沙漠边缘向绿洲推进的速度总体呈减缓趋势,2016年凉州区监测点推进0.9米,民勤监测点推进4.25米(图17a)。

2005—2016年沙丘移动速度总体呈减缓趋势,凉州和民勤沙丘移动速度平均递减率为0.17米/年和0.12米/年(图17b)。2016年民勤监测点沙丘移动速度平均为5.45米,凉州区监测点沙丘移动速度平均为1.10米。

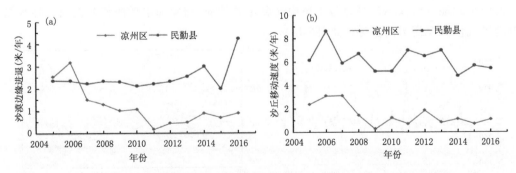

图17　2005—2016年石羊河流域沙漠边缘进退(a)和沙丘移动速度(b)变化

2006—2016年武威市东部荒漠区监测点(凉州清源镇)风蚀厚度呈明显的下降趋势(图18)。2016年东部荒漠区累积风蚀厚度为4.1厘米,与2015年持平,土壤风蚀程度较轻。

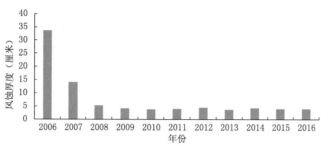

图18　2006—2016年武威市东部荒漠区风蚀厚度变化

(3)河西走廊典型区地下水位下降趋势趋缓,近5年有所回升

2006—2016年,河西西部的敦煌地下水位总体缓慢下降,月牙泉基本稳定;武威市东部荒漠区(凉州清源镇)地下水位缓慢下降;武威市中部绿洲区(凉州金羊乡)总体基本稳定,近5年持续回升;民勤大滩总体基本稳定,2010年以来缓慢回升。

三、祁连山区未来气候变化与灾害风险预估

(一)未来气候变化趋势预估

未来30年预估数据来源于中国气象局发布的《中国地区气候变化预估数据集3.0》中CMIP5全球气候模式数据。

(1)未来30年祁连山区升温显著

预计未来30年(2018—2048年),祁连山区年平均温度以0.44℃/10年的趋势上升,年降水量以0.61毫米/10年的趋势增加,在2030年以前,降水量有减少趋势,之后呈增加趋势(图19)。

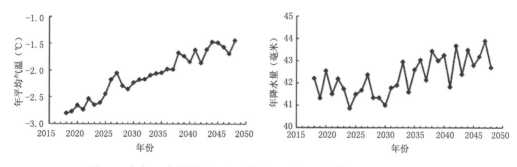

图19　未来30年祁连山区年平均气温(左)和年降水量(右)的年变化

(2)未来30年祁连山区东西差异较大

祁连山区未来30年(2018—2048年)平均气温呈现上升趋势,西南部上升幅度较大,东部较小,与1961—2005年相比,祁连山区将上升1.5~1.9℃左右。

祁连山区未来30年(2018—2048年)西北部降水增幅较小,东南部增幅较大,与1961—2005年相比,祁连山区降水量增加3%~6%。

(二)气象灾害风险预估

(1)河西多种灾害风险耦合,主要气象灾害风险性高

气象灾害风险评估作为一项重要的防灾减灾非工程措施,可以有效地优化资源配置,减少人员伤亡和财产损失。因此,我们基于 GIS 和 RS 技术,融合多源数据,构建灾害风险评估模型,系统分析了河西主要灾害风险特征。结果表明,河西气象灾害种类多,多种灾害耦合,灾害风险等级高。

1)河西大风沙尘暴灾害分布广,风险等级高

从河西大风沙尘暴灾害风险特征图 20 可以看出,灾害高风险区主要位于酒泉市西部、嘉峪关市、张掖市中部、武威市。而酒泉市西南部、张掖市西部灾害风险较低。

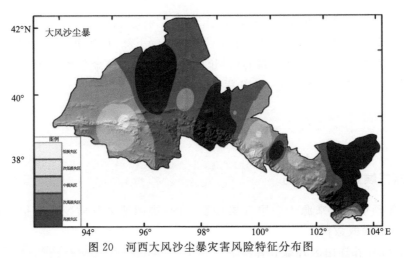

图 20　河西大风沙尘暴灾害风险特征分布图

2)河西中西部暴雨洪涝灾害风险高

从暴雨洪涝灾害风险空间特征图 21 上可以看出,暴雨洪涝灾害高风险主要位于酒泉市东部、嘉峪关市、张掖市东南部,而河西西部和东部暴雨洪涝灾害风险较低。暴雨洪涝高风险导致该地区山洪、泥石流灾害发生风险较高。

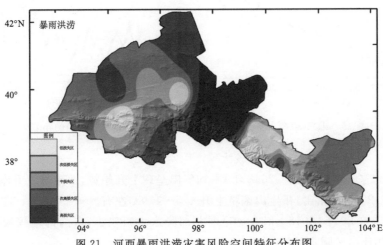

图 21　河西暴雨洪涝灾害风险空间特征分布图

3)河西西部和东部低温灾害风险高

从低温灾害风险的空间分布图 22 可以看出,低温灾害主要位于陇中、陇东和陇南。其中,高风险区主要位于酒泉市西部、张掖市东部和武威市南部。而河西中部低温灾害风险较低。

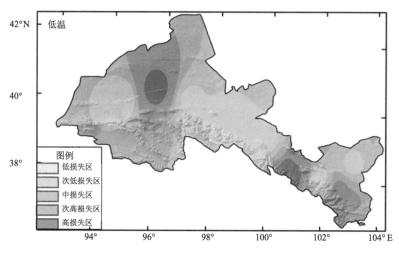

图 22　河西低温灾害风险特征分布图

(2)河西生态分布格局主要为高脆弱区

河西高脆弱区域基本为荒漠区,占河西面积的 75.4%;次高和中等脆弱区域基本分布在荒漠和绿洲交界带,占河西 17.2%;次低和低脆弱区域主要为绿洲区域,分别占河西区域的 6.6%和 0.8%,主要集中于石羊河、黑河和疏勒河绿洲区域及祁连山周边区域(图 23)。

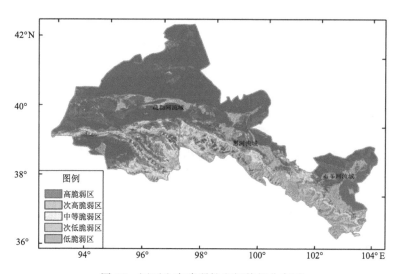

图 23　河西生态脆弱性空间特征分布图

四、祁连山区气候生态环境保护建议

(1)以尊重自然、顺应自然、保护自然的理念建设祁连山生态安全屏障区。加强祁连山生态保护与建设,核心理念是遵循自然规律,实现人与自然的和谐相处;尊重保护区内自然生态格局,把应对气候变化放在生态文明建设的突出地位,注重绿色发展、循环发展、低碳发展。减少人为干扰,促进生态系统功能自然修复,转型生产方式、转变生活方式,尽可能地减少人为活动导致的环境恶化、生态退化。不断提升对气候规律的认识水平和把握能力,坚持趋利避害并举、适应和减缓并重,促进人与自然、经济社会与资源环境协调发展。

(2)开展祁连山区生态气候环境监测预警和研究工作。建立生态气候环境和气候资源承载的预警应急机制,按照统一的标准和规范,结合遥感和地面监测手段,建立涵盖所有生态要素的综合监测系统与网络;整合祁连山地区气候、环境、生态状况等监测数据,建设祁连山生态环境大数据库,完善数据集成共享机制;定期开展祁连山生态气候环境状况及变化趋势的监测、调查和评估工作,为生态保护和综合治理提供参考和科学依据,提升生态风险评估与预警能力。

(3)加快实施祁连山人工增雨(雪)工程,提高气象防灾减灾能力。祁连山区云水资源丰富,每年水汽输入量约为885.4亿立方米,但该地区云水自然转化率远低于其他地区的平均转化率。加快实施祁连山区人工增雨(雪)体系工程,科学利用空中水资源提高河西地区降水效率。在"祁连山人工增雨雪体系工程(一期)"试验、建设的基础上,进一步提高祁连山人工影响天气能力,提升人影作业质量和效益,服务和保障祁连山生态环境恢复与保护,缓解生态区水资源短缺和干旱、冰雹、强降水、沙尘暴等气象灾害造成的损失。

(4)开展生态红线划定研究。明确区域内当前存在的生态环境、社会经济发展和生态服务需求,联合森林、草原、水利、气象等部门,评估祁连山地区林业、牧业及水资源等的生态承载力,界定生态保护红线,在生态承载力评估基础上,确定区域内水源涵养、生物多样性维护、水土保持、防风固沙等生态功能重要区域,划定生态保护红线,制定生态红线管控级别,明确各级管制要求和措施。

(5)建立多元化生态补偿机制。通过财政补贴、项目实施、技术补偿、税费改革、人才技术投入等方式,加大财政转移支付力度,引导核心区游牧民全部实施生态移民,保障重大生态工程建设和各项生态补偿政策落实。利用市场机制,引入社会资本,提高对生态资源的配置和管理效率,有效调动全社会参与生态环境保护的积极性。完善生态绩效考核,建立一套可量化生态绩效考核指标体系,作为实行生态补偿的评价依据。

注:王大为、蒋友严、刘卫平、王兴、郝小翠、黄涛、郭俊琴、张旭东、卢国阳、李丹华参与材料编写。

祁连山区生态气候环境状况分析及建议

马鹏里　方锋　韩涛　蒋友严　王大为

林婧婧　王有恒　郝小翠

（2017 年 2 月 26 日）

摘要：按照省委省政府关于做好甘肃省祁连山区生态保护工作的要求,甘肃省气象局利用多年遥感资料及地面生态监测数据分析了祁连山区生态气候环境状况,结果表明:近 60 年来祁连山区升温幅度明显高于全国平均水平,蒸发量增加;冰川和积雪面积减少,雪线上升;河西三大内陆河径流量增加,水库、湖泊水体面积增大;植被整体改善,局部退化;石羊河流域沙漠生态环境总体改善。

预计未来祁连山区气候仍将保持变暖趋势,冰川面积缩小,水资源整体减少,短期内三大内陆河径流量有所增加,生态状况有所改善,但因气温升高导致蒸发也相应加大,加之土壤侵蚀的危害,局部区域地表的沙漠化可能加速,祁连山保护区生态系统脆弱性将更加凸显,河西水资源供需矛盾加剧。气象灾害风险增大,祁连山生态环境保护工作将面临更大的挑战,建议以尊重自然、顺应自然、保护自然的理念建设祁连山生态安全屏障区;加强祁连山区生态气候环境监测预警和研究工作;加快实施祁连山人工增雨(雪)工程。

一、气候变化背景下祁连山区生态气候环境状况

(一)祁连山区升温显著,生态系统脆弱性增加

祁连山区是气候变化的敏感区和生态环境的脆弱区。1961—2016 年,祁连山区年平均气温为 4.1℃,气温呈显著上升趋势,增幅为 0.45℃/10 年,明显高于全国(0.23℃/10 年),高温日数增多、低温日数减少。年平均降水量为 258.9 毫米,总体呈增加趋势,年平均蒸发量为 2036.9 毫米,1996 年之后显著增加。气候变暖使得冰雪融化速度加剧,短期会造成河流水量增加,但长期会导致河流水量减少,水土流失加重,森林和草原易受病虫危害,生态环境保护难度增大。

(二)冰川和积雪面积减少,雪线上升

1956 年以来,祁连山冰川面积减少 168 平方千米,冰储量减少 70 亿立方米,减少比例分别为 12.6% 和 11.5%。冰川局部地区的雪线以年均 2.0～6.5 米的速度上升,波动幅度达 100～140 米。预计祁连山雪线会继续升高,将由 2000 年的 4500～5100 米上升到 4900～5500 米,面积在 2 平方千米左右的小冰川将在 2050 年左右基本消亡。

21 世纪以来祁连山区季节性积雪总面积呈轻微减少趋势,东、中段减少幅度较大,西段有

微弱减少。积雪总面积最大出现在 2008 年,为 15218.6 平方千米,2013 年最小为 8283.8 平方千米。积雪面积年内变化呈双峰波动,最大积雪面积发生在 11 月中旬左右,最小积雪面积发生在 8 月。

(三)河西三大内陆河径流量增加,水库、湖泊面积增大

20 世纪 60 年代初以来,黑河和疏勒河流域年径流量波动增加,黑河增幅约为 0.8 亿立方米/10 年,疏勒河增幅约为 1.0 亿立方米/10 年;石羊河年径流量先减少再增加,60—90 年代,石羊河年径流量以 0.95 亿立方米/10 年的速度持续减少,21 世纪以来,年径流量逐渐增加,增幅约为 1.6 亿立方米/10 年。

2000—2016 年,红崖山水库面积逐渐增加,共出现 3 次较大波动;最大水库面积出现在 2014 年(21.0 平方千米),最小水库面积出现在 2000 年(8.8 平方千米)。

1959 年青土湖完全干涸,自石羊河流域重点治理工程实施以来,青土湖生态环境发生了显著变化。根据卫星资料分析,青土湖 2010 年重现水域,面积为 3.36 平方千米,平均每年增加 3.59 平方千米,2016 年 10 月达 25.16 平方千米(图 1)。

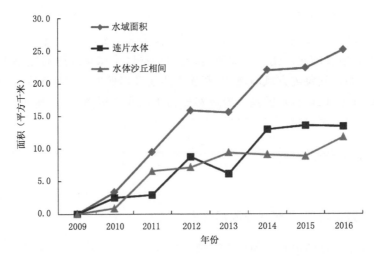

图 1　2009—2016 年青土湖水域面积变化

(四)植被整体改善,局部退化

祁连山植被覆盖呈现东多西少的分布特征,并随着海拔升高呈增加趋势,在 3100 米处达到最大值,之后随着海拔升高逐渐减小,植被覆盖与祁连山降水的空间分布特征基本一致。自 2000 年以来植被覆盖区域面积整体缓慢增加,植被增加区域面积比例为 26.59%,主要集中在祁连山中西部的高山和亚高山森林草原地区。植被减少区域面积比例为 13.06%,主要集中在海拔高度相对较低的祁连山中北部河谷区,包括疏勒南山部分、托来南山东部、托来山、大通山和冷龙岭等地区。2000 年以来只有不到 1/5 的区域发生了显著变化,植被改善区域的比例高于退化区域。

（五）石羊河流域沙漠生态环境总体改善

2005—2016 年监测显示，沙漠边缘向绿洲推进的速度总体减缓，平均递减速率为 0.18 米/年，2016 年凉州区和民勤沙漠边缘向绿洲推进 0.9 米和 4.25 米；土壤风蚀明显减轻。近 20 年来，石羊河流域地下水位下降幅度减缓。

二、祁连山区气候变化趋势预估及对生态环境的可能影响

预计未来 50 年（2020—2070 年），祁连山区年平均温度以 0.31℃/10 年的趋势上升。年降水量以 9.4 毫米/10 年的趋势显著增加；其中，2020—2050 年降水增加显著，达 16.4 毫米/10 年，2050—2070 年降水波动较大，趋势不明显（图 2）。

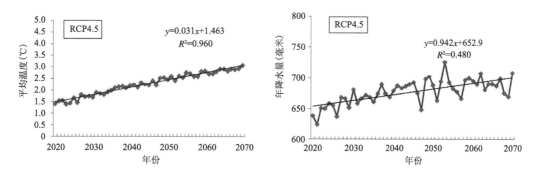

图 2　RCP4.5 情景 2020—2070 年祁连山区年平均气温和降水趋势

未来气候变暖将持续，降水不均匀性增大，气象灾害风险加大；冰川面积减少，雪线上升，水资源整体减少，短期内疏勒河、黑河和石羊河径流量均有所增加，山地森林草原带等植被覆盖面积可能有所增加；由于蒸发也相应加大，加之土壤侵蚀的危害，局部区域地表的沙漠化可能加速，祁连山保护区生态系统脆弱性将更加凸显，河西水资源供需矛盾加剧。

三、祁连山区生态气候环境保护建议

第一，以尊重自然、顺应自然、保护自然的理念建设祁连山生态安全屏障区。尊重保护区内自然生态格局，把应对气候变化放在生态文明建设的突出地位，注重绿色发展、循环发展、低碳发展。不断提升对气候规律的认识水平和把握能力，坚持趋利避害并举、适应和减缓并重，促进人与自然、经济社会与资源环境协调发展。

第二，加强祁连山区生态气候环境监测预警和研究工作。建立生态气候环境和气候资源承载的预警应急机制，充分利用卫星遥感、地面生态气象观测等现代化技术手段，开展祁连山区气候变化及其对生态环境影响的监测、评估和研究工作，为生态保护和综合治理提供参考和科学依据。

第三，加快实施祁连山人工增雨（雪）工程。积极建设河西人工增雨（雪）基地，实施祁连山区人工增雨（雪）体系工程，科学利用空中水资源提高河西地区降水效率，发挥人工影响天气作业在祁连山区生态气候环境保护中的作用。

祁连山水资源可持续利用及对策建议

尹东　韩涛　蒋友严　孙兰东　韩兰英　王有恒

(2012年1月22日)

摘要： 祁连山生态保护建设成效显著；石羊河上游人工增雨(雪)试点工程产生效益。建议全面实施祁连山人工增雨(雪)工程；加强祁连山区水资源的监测、评估和研究；加强山区水利工程建设；以动态调控方式做好水资源管理；保护祁连山生态环境，持续开展水源涵养林建设。

一、祁连山区气候和冰川现状及变化特征

(一)气温上升,降水有增加趋势

近50年来,祁连山区年平均气温整体呈上升趋势,高于全国的升温速率;年降水量整体呈增加趋势,西段的年降水量增加最为明显。

(二)冰川萎缩,雪线上升

1956年至今,河西内流区冰川面积和冰储量分别减少了12.6%和11.5%。20世纪80年代中期以来,冰川萎缩程度是1956年以来最严重的时段。在冰川面积减少的同时,冰川厚度减薄,平均减薄5～20米,雪线波动幅度达100～140米。1999年以来,6月、7月冰雪消融量急剧增加,并且雪线高度不断上升。据监测,近年来祁连山冰川局部地区的雪线正以年均2.0～6.5米的速度上升,有些地区的雪线年均上升竟达12.5～22.5米。

二、应对措施评估

(一)石羊河上游人工增雨(雪)试点工程产生效益

人工增雨(雪)是开发利用空中云水资源的主要途径。甘肃省早在1958年就开展了人工增雨(雪)工作,近年来人工增雨(雪)工作又得到进一步的发展。2010年7月26日由甘肃省气象局和武威市政府联合投资共建的武威市人工影响天气作业基地项目正式启动。作业点主要分布在祁连山区石羊河流域三大干流水系上游,覆盖面积达5000平方千米,每年流域可增加降水量1.5亿立方米以上。通过2010年和2011年两年的人工增雨(雪)作业和石羊河流域的综合治理工程,连续两年实现了蔡旗断面下泄水量超过2.5亿立方米的近期目标,石羊河流域生态环境开始改善。

(二)祁连山生态保护建设成效显著

先后在祁连山区实施的退耕还林、退牧还草、生态移民等综合治理生态项目,有效促进了林草植被的恢复和生态功能的修复,遏止了生态环境的恶化。

三、气候及内陆河径流量未来的可能变化趋势

(一)祁连山区未来气候变化趋势

预计到 21 世纪前期(2011—2020 年),祁连山区增温幅度在 0.8~1.0℃;降水呈现出微弱的增加趋势,增加幅度 0.1%~5.0%;年蒸发量增加 4.5%。

(二)内陆河径流量的可能变化趋势

未来 50 年疏勒河、黑河和石羊河径流量均有所增加,但黑河径流量增加的幅度很小。

四、对策建议

(一)全面实施祁连山人工增雨(雪)工程

祁连山一带是西北地区平均最大降水云量出现地区之一,并且 20 世纪 80 年代后期以来空中水汽有增多的趋势,但祁连山区空中水汽只有 15% 左右形成自然降水,降水潜力还远远没有开发出来。由于对人工影响天气的基础设施和科学研究工作经费投入不足,目前在祁连山区实施的人工增雨(雪)作业的规模小、作业点零散,加之探测等设备不够,作业效果受到影响。建议在"石羊河上游人工增雨(雪)试点工程"基础上,增加投入,尽早立项并启动"祁连山人工增雨(雪)体系工程",在河西建设人工增雨(雪)基地,全面地在祁连山区开展全年人工增雨(雪)作业,从源头上增加河西水资源总量。

(二)保护祁连山生态环境,持续开展水源涵养林建设

在已开展的退耕还林还草、天然林保护的基础上,继续加强祁连山水源涵养林的保护和建设,持续地改善和保护祁连山生态环境。

(三)加强山区水利工程建设

加强山区水利工程建设,适当增加兼具防洪、蓄水功能水库数量,既有利于调控水资源,又可以防范山区暴洪灾害。

(四)以动态调控方式做好水资源管理

通过建立对祁连山水资源的预测预警能力和机制,开展对水资源的动态管理和调控。

(五)加强祁连山区水资源的监测、评估和研究

充分利用卫星遥感、地面观测等现代化技术手段,加强祁连山区气候变化及其对水资源影响的监测、评估和研究工作,为祁连山区水资源可持续利用提供基础数据和决策依据。

注:报送中国气象局办公室,2012年全国"两会"建议提案选题。

气候变化对甘肃河西生态安全的影响与对策建议

丁戈刚　　韩涛　　王大为　　林婧婧　　蒋友严　　王有恒
（2014 年 8 月 11 日）

摘要：53 年来,甘肃河西地区年平均气温呈明显上升趋势,年平均降水量总体呈增加趋势。在气候变暖的背景下,极端高温和极端日降水事件以及年平均干热风日数均呈增加趋势;年平均沙尘暴、扬沙、浮尘日数和年平均冰雹日数呈显著减少趋势;极端低温事件和年平均干旱日数呈减少趋势。气候变化对河西生态安全的影响评估的结果表明:祁连山区东中西段夏季积雪的平均总面积呈线性减少趋势;2013 年比2000 年,河西不同植被覆盖度的植被区面积都有微弱增加趋势,河西的荒漠化程度整体上呈微弱好转迹象。石羊河尾闾青土湖、双塔、昌马、红崖山和刘家峡水库面积自 2009 年以来均呈增加趋势,安西县退牧还草综合生态效益显著,表明以水资源调控和退牧还草为主的生态保护与治理措施初见成效。对河西地区进行了生态脆弱度遥感评价和区划,可作为生态安全屏障建设的重要依据和参考。

一、背景和目的意义

河西走廊位于亚洲大陆腹地,黄土高原、青藏高原和内蒙古高原边缘结合部,依靠祁连山雨雪水汇聚而成的石羊河、黑河和疏勒河三大内陆河水系维系着该地区的工农业生产和人民生活。河西地区被腾格里沙漠、巴丹吉林沙漠和库姆塔格沙漠三大沙漠包围,属典型的干旱荒漠气候,东西风沙线长逾 1600 千米,共有 800 多个大风口,沙漠的侵害严重制约着河西地区乃至甘肃省社会经济发展,荒漠化是吞噬河西地区绿洲、威胁河西地区可持续发展的重要生态环境问题。

当前,在建设"甘肃省国家生态安全屏障综合试验区"的背景下,加强河西内陆河流域生态保护和综合治理,及时应对气候变化对该地区自然生态系统造成的影响,就显得尤为重要。

二、河西内陆河流域气候变化事实及对生态环境影响

（1）河西地区年平均气温和降水以及极端气候事件均呈增加趋势

1961—2013 年,河西地区年平均气温呈明显上升趋势（图 1）,平均每 10 年升高 0.34℃,高于同期全球和全国的升温速率。1997 年之前河西年平均气温低于常年值,之后气温出现明显的上升趋势,年平均气温持续高于常年值。

1961—2013 年,河西地区年平均降水量总体呈增加趋势（图 2）。1990 年之前降水总体偏

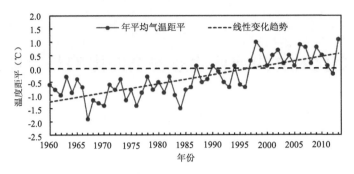

图1　1961—2013年河西平均气温距平变化

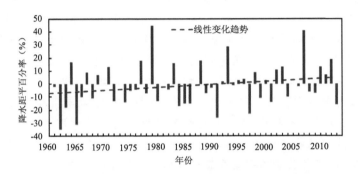

图2　1961—2013年河西降水量距平百分率变化

少,之后降水呈增多趋势。

1961—2013年,河西地区年平均冰雹日数、沙尘暴、扬沙、浮尘日数均呈显著减少趋势,平均每10年分别减少0.24天、2.4天、7.3天、5.3天;20世纪60年代至90年代初期,年平均冰雹日数较常年偏多,之后少于常年同期;20世纪60年代至80年代后期年平均沙尘暴、扬沙、浮尘日数持续偏多,之后以偏少为主。同时段,河西地区年平均干热风次数呈增加趋势,平均每10年增加1.6次;20世纪60年代至90年代中期,年干热风次数较常年偏少;90年代后期以来偏多。河西地区年平均干旱日数总体呈弱的减少趋势,平均每10年减少3.6天;20世纪70年代和2000年之后干旱日数偏少,20世纪60年代、80年代和90年代偏多。

河西地区出现极端高温和极端日降水事件的站次比呈增加趋势。出现极端低温事件的站次比呈减少趋势。

(2)祁连山区冰川萎缩,雪线上升,积雪覆盖面积总体呈下降趋势

气温上升明显,造成祁连山积雪雪线上升,降水虽有增加趋势但不能弥补升温对积雪融化的影响。监测事实如下:1956年至今,河西内流区冰川面积和冰储量分别减少了12.6%和11.5%。20世纪80年代中期以来,冰川萎缩程度是1956年以来最严重的时段。在冰川面积减少的同时,冰川厚度减薄,平均减薄5~20米,雪线波动幅度达100~140米。1999年以来,6月、7月冰雪消融量急剧增加,并且雪线高度不断上升。据监测,近年来祁连山冰川局部地区的雪线正以年均2.0~6.5米的速度上升,有些地区的雪线年均上升竟达12.5~22.5米。以祁连山中段冰川为例:从1960—2010年50年间,黑河流域上游冰川持续退缩,面积共减少138.9平方千米,减少率为35.6%,平均每年减少2.78平方千米。

同时气象卫星遥感监测显示：祁连山区东中西段夏季积雪的平均总面积，自1997年至今总体呈线性减少趋势（图3）。其中，1999年是祁连山积雪面积最大年，面积约1.0万平方千米，2009年是近17年中整个区域面积最小的年份，仅0.13万平方千米。从祁连山东、中、西段各段积雪面积的分布来说，各段积雪面积均呈减少趋势，东、中段减少趋势较明显，而西段减少趋势较微弱。

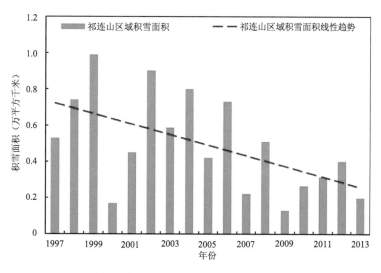

图3　祁连山区域积雪面积的变化曲线

（3）河西植被覆盖面积有微弱增加趋势

气象卫星遥感监测显示：2000—2013年，河西绿洲区域植被长势整体变好；总体上河西植被覆盖面积有微弱增加趋势，且呈现低植被覆盖区域向中、高植被覆盖区域转化的特点。

（4）河西荒漠化程度整体上微弱好转迹象

采用气象卫星资料进行荒漠化遥感监测分析，分别得到2013年和2000年河西荒漠化不同程度的空间分布，与2000年相比，荒漠化土地面积总体上减少，大多数区域呈现荒漠化程度等级由重至轻的弱转化趋势（表1）。主要体现在：荒漠化土地总面积减少了10440平方千米；从不同等级的变化情况看，主要体现在极重度和重度荒漠化向中度和轻度转化，以及部分轻度荒漠化土地向非荒漠化转化上。

表1　河西不同程度荒漠化的面积变化（平方千米）

	极重度荒漠化	重度荒漠化	中度荒漠化	轻度荒漠化	荒漠化总面积	非荒漠化
2000年	66628	23398	56845	29253	176124	83890
2013年	49653	19646	57029	39356	165684	94330
面积变化	−16975	−3752	184	10103	−10440	10440

从荒漠化逆转和发展的空间分布看（图4）：荒漠化发展区域占整个河西区域的0.94%，强烈发展区域占整个河西区域的0.18%，主要分布在酒泉北部。荒漠化逆转区域占整个河西区域的5.33%，明显逆转区域占整个河西区域的0.73%，主要分布在疏勒河中下游、黑河中游和民勤绿洲北部。整体上逆转区域面积大于发展区域面积。呈现总体逆

转,局部发展的趋势。

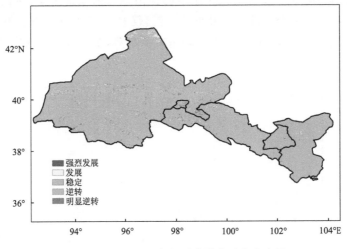

图4　2000—2013年河西荒漠化动态分布图

三、河西地区生态环境脆弱度评价

甘肃河西生态环境进行脆弱度区划后,制作完成1：25万比例尺数字地图（图5）,可作为生态安全屏障建设的重要依据和参考。空间分布结果表明:极度脆弱区域大部分为荒漠区,占整个河西区域的75.4%;高度脆弱区域基本分布在荒漠和绿洲的交界地带,占整个河西区域的17.2%;中度和轻度脆弱的区域主要为绿洲区域,其分别占整个河西区域的6.6%和0.8%,主要集中于石羊河、黑河和疏勒河绿洲区域及祁连山周边区域。

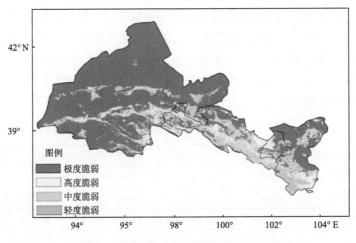

图5　河西地区生态环境脆弱度分布图

开展河西生态安全综合屏障建设,应主要依据并针对图5中极度和高度脆弱地区,开展生态建设和综合治理。应以封育后的自然恢复为主要措施,人工方式恢复为辅;应当在山区施行封山育林,加大水源涵养林管护力度;在内陆河流域的下游地区施行荒漠草场和退化草地封育,发挥自然恢复的优势,逐步地恢复植被。研究表明,通过对现有植被的封护管理,减少和避免人类活动的影响,可以使退化植被自然更新与恢复,减少区域内流沙活动,防止造成新的破坏和沙漠化土地的蔓延。

四、河西气候及内陆河径流量未来的可能变化趋势

(一)祁连山区未来气候变化趋势

预计到 21 世纪前期(至 2020 年),祁连山区增温幅度在 0.8～1.0℃;降水呈现出微弱的增加趋势,增加幅度 0.1%～5.0%;年蒸发量增加 4.5%。

(二)内陆河径流量的可能变化趋势

未来 50 年疏勒河、黑河和石羊河径流量均有所增加,但黑河径流量增加的幅度很小。

(三)未来气候变化对生态系统的可能影响

未来气候变暖背景下,河西干旱地区自然植被可能向荒漠植被方向发展,草本物种容易从群落组成中被干燥地带耐旱的植被灌丛或半灌木植被所替代。河西部分地区因降水量或冰雪融化增加水量,内陆河流域上游地区将变湿,草场生产力和载畜量提高,典型草原和荒漠草原载畜量也将随降水量增加而增加。高寒牧区温带荒漠、高寒草原面积虽然将出现较大缩减,但气温升高可提高草地生产力,延长放牧时期,载畜量也随着温度升高而增加。2050 年后农牧交错带边缘和绿洲边缘区沙漠化土地面积增大,但生产力将增加;此外,河西地区森林生产力将出现明显增加。

五、应对措施评估及存在主要问题

(一)以水资源调控为主的生态保护与治理措施初见成效

2010 年和 2011 年两年的人工增雨(雪)作业和石羊河流域的综合治理工程,连续两年实现了蔡旗断面下泄水量超过 2.5 亿立方米的近期目标,石羊河流域生态环境开始改善。环境减灾卫星遥感监测显示:2010—2012 年,石羊河尾闾青土湖面积逐年呈现 3 倍左右增幅(图6),青土湖周边的植被生长状况也明显好转;河西的双塔、昌马、红崖山和刘家峡水库面积自2009 年以来也均呈明显增加趋势。

(二)退牧还草等生态工程建设效益明显

以安西县退牧还草工程为例,对安西县退牧还草工程产生的生态效益进行了综合评价,结果表明:安西县草地(低地盐生草甸类和温性荒漠类)全部采取禁牧措施后草地生态系统服务总价值为 4.46 亿元,较不采取退牧还草措施增加了 0.49 亿元。因此认为如果在安西县草地全部采取禁牧措施,生态效益将达到 0.49 亿元。

基于遥感技术估算安西县每个像元草地服务价值,结果表明:退牧区草地生态系统服务价

值大多超过 3000 元/公顷,而非退牧区草地生态系统服务价值则比较低,小于 2000 元/公顷,退牧还草综合生态效益十分显著。

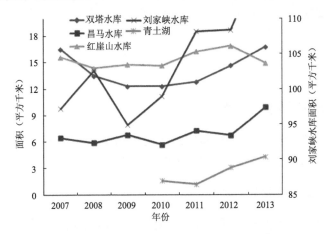

图 6　甘肃河西水库 6—9 月平均面积变化

(只有刘家峡水库面积在 90 平方千米以上——见右纵轴坐标)

(三)存在主要问题

(1)河西内陆河流域出现的生态问题,主要是气候变化和人为不合理开发双重作用的结果。目前虽采取措施对人文因素进行了合理纠正和综合治理,但经济发展与采取生态系统适应气候变化的保护措施之间的矛盾非常突出,同时缺乏应对气候变化的、生态保护措施的可行性论证和科学规划,另外,生态建设工程的气候可行性论证未得到重视。

(2)缺乏对河西生态环境现状及综合治理措施效果的业务化监测评估。这主要体现在生态和气候监测站网数量少且未得到有效整合,卫星遥感等高科技手段在生态环境监测中尚未得到充分利用。

(3)有关气候变化对生态影响的研究还比较薄弱,尤其是综合农、林、牧、草、水资源等多方面的影响研究更少,对气候变化影响的精细化评估工作还做得不够,对适应气候变化的认识亟待提高。

六、对策建议

(1)科学合理组建专门机构,以河西内陆河流域气象观测站点为地面基础观测平台,以卫星遥感为天基观测手段,综合利用气候变化和卫星遥感基础数据集,对河西内陆河流域的生态环境现状及生态工程措施的效果进行定期的业务化监测评估,为河西地区生态保护和综合治理提供参考和依据。

(2)在分析甘肃省气候变化事实的基础上,研究符合甘肃省发展急需的气候变化适应性措施和适应方案,以提高适应气候变化的整体能力,减少气候变化的影响和损失,同时以河西生态脆弱区为重点,研究气候变化对甘肃河西生态安全的影响。开展河西地区生态建设的气候承载力分析研究工作;加强气候变化对祁连山区水源涵养林、绿洲及荒漠类草原等生态脆弱敏感区影响的综合评估和适应对策研究。

(3)加强人工影响天气作业基地的建设,在各重点生态区加强人工影响天气作业,健全生态服务型人工影响天气作业体系,加强生态服务型人工影响天气能力建设,为生态安全屏障建设提供充分的水资源保障。

(4)以封育后的自然恢复为主要措施,保护和恢复祁连山区及内陆河流域植被。在河西走廊城镇化建设中,综合考虑水资源的合理利用及对生态环境的影响;因地制宜,统筹规划河西地区生态移民的数量。

关于在河西内陆河流域生态治理中
加强应对气候变化工作的提案

韩涛　王大为　蒋友严

(2014年1月20日)

河西走廊深居亚洲大陆腹地,位于黄土高原、青藏高原和内蒙古高原边缘结合部;依靠祁连山雨雪水汇聚而成的石羊河、黑河和疏勒河三大内陆河水系,维系着该地区的工农业生产和人民生活。独特的地理环境造就了该地区极为干旱的天气气候特征和脆弱的自然生态系统,其天气气候变化和生态屏障作用影响着西北乃至全国。多年来,由于气候变化和人为不合理开发的双重影响,该地区正经受着冰川退缩、雪线上移、草场退化、水土流失加重、荒漠化加剧的多重威胁。当前,在建设"甘肃省国家生态安全屏障综合试验区"的背景下,加强河西内陆河流域生态保护和综合治理,及时应对气候变化对该地区自然生态系统造成的影响,就显得尤为重要。

一、存在主要问题

(1)河西内陆河流域出现的生态问题,主要是气候变化和人为不合理开发双重作用的结果。目前所采取措施对人文因素进行了合理纠正和综合治理,但缺乏应对气候变化的、生态保护措施的可行性论证和科学规划。

(2)缺乏对河西生态环境现状及综合治理措施效果的业务化监测评估。这主要体现在生态和气候监测站网数量少且未得到有效整合,卫星遥感等高科技手段在生态环境监测中尚未得到充分利用等。

二、对策建议

(1)以河西内陆河流域气象观测站点为地面基础观测平台,以卫星遥感为天基观测手段,整合建立天地一体化的生态环境监测网络,对河西内陆河流域的生态环境现状及生态工程措施的效果进行定期的业务化监测评估,为生态保护和综合治理提供参考和依据。

(2)加强河西内陆河流域气候变化综合观测能力及基础数据集建设;开展该地区气候变化规律分析、预测预警、未来情景预估和机理研究;加强气候变化对祁连山区水源涵养林、绿洲及荒漠类草原等生态脆弱敏感区影响的综合评估和适应对策研究。

(3)充分利用卫星遥感、地面观测等现代化技术手段,加强祁连山区气候变化及其对水资源影响的监测、评估和研究工作,为祁连山区水资源可持续利用提供基础数据和决策依据。

注:报送中国气象局办公室,2014年全国"两会"提案选题

民勤县青土湖周边地区
生态及小气候变化评估报告

陈雷　韩涛　钱莉　刘明春　丁文魁　王大为　蒋菊芳　蒋友严
（2016 年 10 月 28 日）

概要：自 2010 年青土湖重现水域以来，水域面积平均每年增加 3.59 平方千米；地下水位埋深平均每年回升 0.12 米；沙丘移动速度总体呈减缓趋势，平均递减速率为 0.13 米/年。青土湖及其周边水域、湿地和植被面积的明显增加，改善了青土湖周边地区局地小气候，湿地的水汽蒸发在青土湖周边近地面形成高湿区，为区域降雨提供了水汽来源，使其周边地区降水量明显增加。青土湖已由季节性水面变成持续性水面，对强降水有正反馈机制，青土湖湿地涵养水源、调节小气候、维护生物多样性、遏制土地沙化、维护生态平衡的作用正在发挥。

一、青土湖概况

青土湖是石羊河尾闾，原名潴野泽、百亭海，潴野泽在《尚书·禹贡》《水经注》里都有过记载，称"碧波万顷，水天一色"，是一个面积至少 16000 平方千米、最大水深超过 60 米的巨大淡水湖泊。秦汉时，潴野泽分为东西两个湖泊，西面叫西海，也叫休屠泽，东面叫东海，仍叫潴野泽。《水经注》引《地理志》"谷水出姑臧南山，北至武威入海，届此水流两分，一水北入休屠泽，俗谓之为西海，一水又东经一百五十里入潴野，世谓之东海，通谓之都野矣"。西汉时期，潴野泽面积达 4000 平方千米。隋唐时，潴野泽面积约 1300 平方千米；明清时期萎缩严重，最大水域面积为 400 平方千米；民国时改名为青土湖，中华人民共和国成立初期，湖区水域面积仍有 120 平方千米，芦苇丛生，碧波荡漾，环境优美。1959 年青土湖完全干涸，水干风起，流沙肆虐，形成了长达 13 千米的风沙线，成为民勤绿洲北部最大的风沙口，巴丹吉林沙漠和腾格里沙漠在此"握手"会合。自石羊河流域生态环境重点治理工程实施以来，青土湖生态环境发生了显著变化。

二、青土湖周边生态变化情况

（一）青土湖水域面积

根据 HJ-1B/CCD 卫星资料分析，青土湖 2010 年重现水域，面积为 3.36 平方千米（连片水体面积约为 2.49 平方千米，水体沙丘相间面积约为 0.87 平方千米）；2011 年为 9.48 平方千米（连片水体面积约为 2.92 平方千米，水体沙丘相间面积约为 6.56 平方千米）；2012 年为 15.88 平方千米（连片水体面积约为 8.75 平方千米，水体沙丘相间面积约为 7.13 平方千米）；

2013 年为 15.57 平方千米(连片水体面积约为 6.17 平方千米,水体沙丘相间面积约为 9.4 平方千米);2014 年为 22.01 平方千米(连片水体面积约为 12.95 平方千米,水体沙丘相间面积约为 9.06 平方千米);2015 年青土湖水域面积达 22.36 平方千米(连片水体面积约为 13.54 平方千米,水体沙丘相间面积约为 8.82 平方千米);2016 年 10 月青土湖水域面积达 25.16 平方千米(连片水体面积约为 13.41 平方千米,水体沙丘相间面积约为 11.75 平方千米)。自 2010 年青土湖重现水域以来,水域面积平均每年增加 3.59 平方千米,其中连片水体面积平均每年增加 1.91 平方千米,水体沙丘相间面积平均每年增加 1.68 平方千米(图 1 和图 2)。

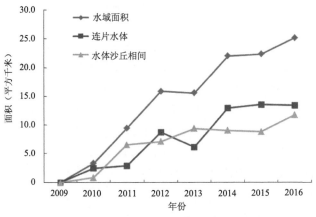

图 1　2009—2016 年青土湖水域面积变化

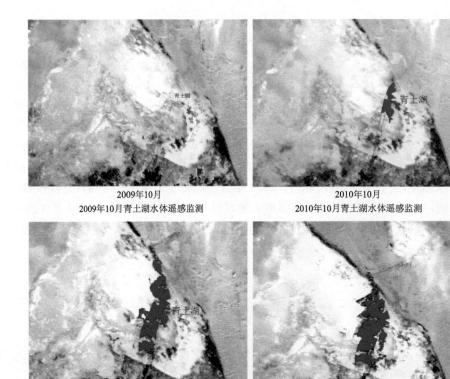

2009年10月
2009年10月青土湖水体遥感监测

2010年10月
2010年10月青土湖水体遥感监测

2012年10月
2012年10月青土湖水体遥感监测

2014年10月
2014年10月青土湖水体遥感监测

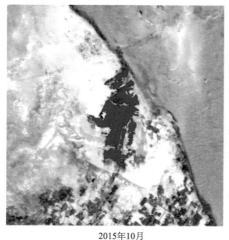

2015年10月

2015年10月青土湖水体遥感监测

2016年10月

2016年10月青土湖水体遥感监测

图2 2009年10月至2016年10月青土湖水域遥感监测图

(二)青土湖地下水位埋深

从青土湖地下水位埋深的变化趋势看,青土湖地下水位在稳定回升(图3)。2009年以来,地下水位埋深从3.88米回升到2016年地下水位埋深3.04米,地下水位埋深回升了0.84米。近7年来,青土湖地下水位埋深平均每年回升0.12米。

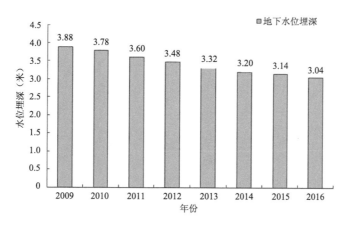

图3 2009—2016年青土湖地下水埋深变化

(三)青土湖周边植被状况

根据每年8月HJ-1B/CCD卫星资料分析,青土湖及周边(39°03′13″N~39°09′33″N,103°33′27″E~103°42′26″E)植被指数和植被覆盖度在波动增大(图4)。2016年8月3日遥感监测青土湖及周边植被覆盖面积达10.58平方千米(图5)。近8年来,青土湖及周边植被覆盖面积平均每年增大1.09平方千米。

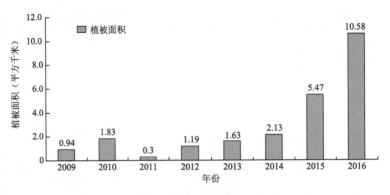

图4 2009—2016年青土湖及周边植被面积变化

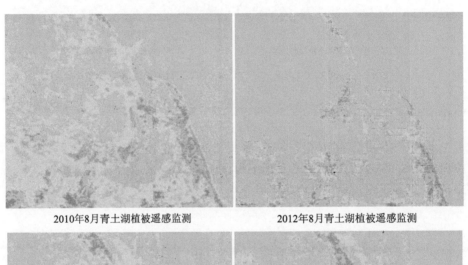

2010年8月青土湖植被遥感监测　　　　2012年8月青土湖植被遥感监测

2014年8月青土湖植被遥感监测　　　　2016年8月青土湖植被遥感监测

图5 2010年8月至2016年8月青土湖及周边植被变化遥感监测图

(四)沙丘移动

沙丘移动主要受风的动力作用、土壤质地、植被覆盖度等因素的影响。根据武威市荒漠生态与农业气象试验站定位监测,2016年民勤监测点沙丘移动平均速度5.45米/年,2010年之前5年民勤监测点沙丘移动平均速度6.52米/年,2010年之后7年沙丘移动平均速度5.94米/年,尽管沙丘移动速度有所波动,但总体呈减缓趋势,民勤沙丘移动平均递减速率为0.13米/年(图6)。

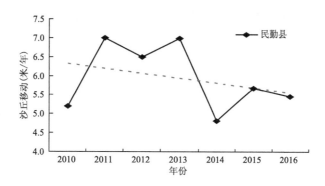

图 6　青土湖周边沙丘移动监测变化

三、气象观测事实

(一)汛期降水对比分析

降水资料选取民勤国家基准气候站和民勤东镇、西渠、收成、青土湖区域自动气象站资料。其中东镇、西渠站始建于 2008 年,收成站始建于 2010 年,青土湖站始建于 2011 年,区域自动气象站降水资料范围为 5—9 月。根据历史资料分析,民勤 5—9 月降水占全年降水的 84%,年降水量主要贡献为汛期降水。将东镇、西渠、收成、青土湖 4 个区域自动气象站 5—9 月平均降水量代表民勤青土湖周边地区平均降水量。

分析发现,民勤县城 2009—2016 年汛期(5—9 月)平均降水量为 95.8 毫米,其线性倾向率为−2.3 毫米/年,说明民勤近年来降水略有减少;青土湖周边地区 2009—2016 年汛期(5—9 月)平均降水量为 92.1 毫米,其线性倾向率为+6.0 毫米/年,呈显著增加趋势(图 7)。

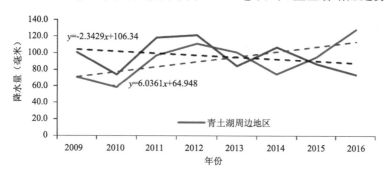

图 7　2009—2016 年民勤县城和青土湖周边地区汛期降水变化趋势

分析 2010 年前后汛期降水变化(图 8),发现 2010 年前民勤县城、青土湖周边地区降水量分别为 87.4、64.8 毫米,2010 年后民勤县城、青土湖周边地区降水量各为 98.6、101.2 毫米,分别增加了 11.2 毫米和 36.4 毫米。进一步发现,汛期平均降水量 2010 年前青土湖周边地区较县城偏少 22.6 毫米;但 2010 年后较县城偏多 2.6 毫米;2010 年前青土湖周边地区降水量均少于县城,2010 年后 6 年中有 3 年汛期降水量多于县城,其中 2013 年多 16.9 毫米、2015 年多 8.9 毫米、2016 年多 54.4 毫米(表 1)。事实证明,青土湖及其周边水域、湿地和植被面积的增加,有效改善了青土湖周边地区的局地小气候,使其降水量显著增加。

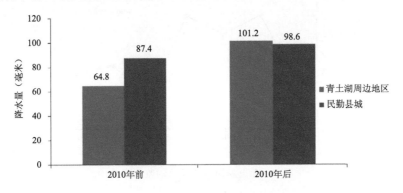

图 8　2010 年前后降水量变化

表 1　2009—2016 年民勤县城及青土湖周边地区 5—9 月降水量统计表(毫米)

降水量	2009 年	2010 年	2011 年	2012 年	2013 年	2014 年	2015 年	2016 年
东镇	56.1	62.1	109.3	155.6	141.7	94.4	87.4	133.4
西渠	85.9	61.8	91.9	106.8	69.3	70.2	82.0	156.7
收成		51.7	106.8	108.2	116.6	85.9	112.9	88.8
青土湖			81.4	72.7	76.2	47.5	99.6	134.1
青土湖周边	71.0	58.5	97.4	110.8	101.0	74.5	95.5	128.3
民勤县城	100.6	74.2	118.7	121.2	84.1	107.1	86.6	73.9

(二)汛期短时强降水过程分析

观测事实表明,近年来青土湖周边地区短时强降水过程明显增多,2013—2016 年每年都出现 1 场以上局地暴雨天气(表 2),据实地调查,是近几十年来所没有的。如 2013 年 5 月 15 日东镇出现突发性暴雨,过程降水量达 80.2 毫米,小时最大雨强达 42.8 毫米,这是有气象记录以来全市降雨量和雨强最大的暴雨过程,仅一场暴雨的降水量就占东镇当年汛期降水的 56.6%;2014 年 7 月 2 日东镇出现突发性暴雨,过程降水量达 31.1 毫米,小时最大雨强达 22.8 毫米,这场暴雨的降水量占东镇当年汛期降水的 32.9%;2015 年 7 月 21 日青土湖出现突发性暴雨,过程降水量达 51.3 毫米,小时最大雨强达 34.3 毫米,这场暴雨的降水量占青土

表 2　近 4 年民勤青土湖周边地区短时强降水过程统计表

过程时间	东镇(毫米)	西渠(毫米)	收成(毫米)	青土湖(毫米)	小时最大雨强 (毫米/小时)
2013 年 5 月 15 日	80.2	5.8	47.4	15.7	42.8
2014 年 7 月 2 日	31.1		2.9		22.8
2015 年 7 月 21 日	11.2	26.3	3.0	51.3	34.3
2016 年 8 月 13 日	33.3	42.6	13.4	72.6	18.9
2016 年 8 月 21 日	22.8	49.0	11.4	10.6	20.0

湖当年汛期降水的 51.5%;2016 年 8 月 13 日、21 日青土湖和西渠一个月中两次出现局地暴雨,过程降水量分别达 72.6 毫米、49.0 毫米,这两次局地暴雨过程的降水量分别占青土湖和西渠 2016 年汛期降水量的 62.0%、58.5%。由此可见,青土湖周边地区降水量的增加主要由局地强对流天气引发的短时强降水造成。

(三)成因分析

(1)青土湖水域和湿地增加了青土湖周边地区近地面湿度。湿地有巨大的环境调节功能,湿地水汽蒸发在青土湖及其附近区域近地面形成高湿区,为降雨提供了水汽来源。

(2)下垫面变化影响局地小气候。由于湿地和水域与周围沙漠地带地表结构不同,白天周围沙漠较湿地和水域升温快,沙漠区域的暖空气上升,湿地和水域的冷空气下沉;夜晚周围沙漠较湿地和水域降温快,沙漠区域的冷空气下沉,湿地和水域的暖空气上升。形成的局地小气候环境(图 9),加强了空气的对流运动,使青土湖周边地区易产生强对流天气。当遇有适宜的降水天气,加上该区有利于对流产生的局地小气候,再伴随本地较好的水汽条件,将使雨强显著增大,因此,青土湖生态环境治理对强降水有正反馈机制。

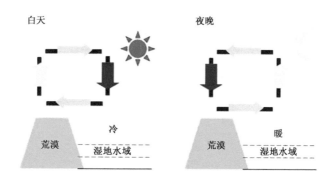

图 9　下垫面不同造成的热力对流图

四、结论

(1)自 2010 年青土湖重现水域以来,水域面积平均每年增加 3.59 平方千米,地下水位埋深平均每年回升 0.12 米。青土湖及周边植被覆盖面积平均每年增大 1.09 平方千米。尽管沙丘移动速度有所波动,但总体呈减缓趋势,民勤平均递减速率为 0.13 米/年。

(2)自 2010 年来,民勤县青土湖及其周边地区降水呈显著增加趋势,平均递增率为 6.0 毫米/年,比 2010 年前平均增加降水 36.4 毫米。青土湖及其周边地区降水量的增加主要为短时强降水贡献。青土湖生态环境治理改变了局地小气候,有利于对流性强降水产生,而降水增加又促进了生态恢复,使区域生态环境形成良性循环。

五、建议

经过多年生态治理,青土湖周边生态环境明显改善,但已恢复的生态环境仍很脆弱,从长

远来看,民勤绿洲生态治理任务仍十分艰巨。建议:

(1)因地因时制宜,继续实施退耕、还林(草)工程。荒漠地区降水较少,主要推广耐旱、需水少的沙生短命植物、多年生草本植物和灌木、半灌木植物,提高成活率。在北部绿洲边缘有水源的地区可适当进行带状防护林栽植,并做到乔、灌、草相结合,对于减少风速和流沙侵袭、保护农田有明显效果。并通过实施关井压田和河道输水工程建设,减少地下水开采量,促进地下水位回升,改善荒漠植物需水环境,促进植被恢复。

(2)大力实施人工增雨(雪)作业,增加水源。多年的实践证明,在干旱地区实施人工增雨作业投入少、产出高,效果十分显著。因而除继续开发上游祁连山区丰富的云水资源,有效增加山区来水和水库蓄水外,还应加大流域中、北部人工增雨(雪)力度,增加荒漠区降水量和土壤含水量,促进荒漠植物生长,增加土壤有机质,增强土壤保蓄水能力,通过降水促进大气—土壤—植被的良性循环。

(3)继续完善生态综合监测体系建设。在生态脆弱区、主要生态功能区和生态治理区开展关键生态因子的长期定位系统监测,加大监测力度,并定期开展生态因子变化分析、生态质量评价、生态治理工程效果评估等。

致谢:感谢武威市气象局提供的材料与素材。

气候变化对甘南生态环境影响及对策建议

张存杰　韩涛　蒋友严　韩兰英

（2009 年 6 月 10 日）

摘要：甘南位于长江、黄河的上游源区，在中国西部生态环境系统中处于十分重要的位置。被列为国家十大生态功能保护区之一的玛曲草原曾被誉为"亚洲第一优良牧场"，是黄河径流的主要汇集区，这里形成了"九曲黄河"第一弯，为黄河提供了45％的水量，素有黄河"蓄水池"之美称。但是近年来，玛曲地区干涸湿地、裸地、居民地、沙化土地较大幅度增加，而水体、湿地与植被呈明显减少的趋势。

一、甘南气候变化

温度显著升高。降水减少，蒸发增加。甘南各地年平均气温在持续上升，目前气温较 20 世纪 70 年代增加了 1.2℃左右。甘南各地年降水量有减少趋势，减少幅度最大的是碌曲、迭部、卓尼。玛曲年蒸发量随着气温的升高而增加，平均每 10 年增加 32.7 毫米。90 年代以后比 90 年代以前年平均蒸发量高 89 毫米。年降水同期减少 47 毫米。

二、人类活动情况

甘南人口从 1949 年的 29.7 万人增加到 2000 年的 64 万人，增加了 34.3 万人，年平均递增 2.35％。同时由于乱砍滥伐，使森林覆盖率从秦、汉时期的 90％，到 1985 年已经下降到 48％，2000 年底仅为 20％。过度放牧进一步加剧了草场的退化。甘南州草场理论载畜量为 453 万个羊单位，而实际载畜量却为 882 万个羊单位，超载 95％左右（图 1）。

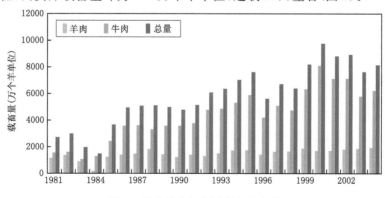

图 1　甘南州草场实际载畜量变化

三、气候变化及人类活动对甘南生态环境的影响

(一)草场"三化"现象严重,草原生产能力大幅下降

甘南80%的天然草原退化。其中沙化草场80万亩,且沙化面积以每年平均4500亩的速度递增。2004年有大型沙化点36处,形成了220千米的流动沙丘带,并以每年3.9%的速度扩展(图2)。鲜草产量从20世纪80年代后期的900千克/亩,下降到2004年的220千克/亩,下降了约75%。

图2 沙化的甘南草原

(二)湿地面积锐减,"黄河之肾"面临衰竭

甘南湿地面积从20世纪80年代初的640万亩减少为2004年的210万亩。黄河"蓄水池"玛曲1990年到2001年水体与湿地分别减少了28.6%和2.1%。1985年有4077个湖泊,而今只剩1800个,黄河的27条主要支流中,已有11条常年干涸,另有不少河流则成了季节河。原来99万亩沼泽湿地如今不到30万亩。

(三)水源涵养能力降低,河流补给量减少

玛曲年径流量每年以7000立方米的速度减少,90年代仅为127亿立方米。黄河玛曲段的产流量每年减少1.2亿立方米,补给量减少了15%。

(四)水土流失加剧,山地灾害频发

水土流失面积由20世纪80年代的1200万亩增加为2004年的1410万亩;山体滑坡地段2984平方千米。

(五)生物多样性减少

部分地区生物多样性由 29.1 种/平方米下降到 22 种/平方米,呈现出中度退化;有些地区由 29.1 种/平方米下降到 8.7 种/平方米,呈重度退化。

四、对策建议

(一)加强甘肃藏区气象防灾减灾体系工程建设

通过项目的实施,为藏区生态环境治理提供决策依据,形成藏区气象灾害监测网络,增强对气象灾害的预报预警能力,提高气象为藏区社会的应急服务能力,有效降低气象灾害对甘肃藏区造成的经济损失,保证藏区人民财产、生命安全,促进藏区地方经济可持续发展能力。

(二)实施甘肃甘南黄河重要水源补给区人工影响天气工程

通过建立地面、高空人影监测系统及地面作业指挥平台,在黄河重要水源补给区实施人工影响天气作业,开发空中云水资源,能够充分有效增加水源补给区的降水,减轻因干旱原因造成的生态退化,防止雹灾对农牧业的损失,为甘肃藏区农牧业发展和生态环境的改善提供有效的技术手段。

(三)加强甘肃甘南黄河重要水源补给区生态气候监测预警体系及应对气候变化工程建设

通过对黄河重要水源补给区生态系统中"水、土、气、生"要素的长期监测,分析不同生态系统之间结构演变规律、功能转化、变化特点及相互作用,及时提供生态环境与气候变化评估报告,为政府部门进行生态环境建设和保护的有关政策制定、技术选优与应对措施等方面提供决策依据。

致谢:感谢甘南藏族自治州气象局提供的材料与素材。

近20年来甘南藏族自治州生态环境有转好趋势

马鹏里　韩涛　蒋友严　方锋　王大为
（2015年11月29日）

摘要：近40年来甘南州牧区和农牧交错区气温均呈显著上升趋势，其中牧区增温速率最大的是玛曲县，达到0.049℃/年；年降水量除夏河县呈微弱下降外，其余市县2000年以来均为上升趋势。甘南州大部分区域分布着中高覆盖度植被，2000年以来中覆盖度植被面积呈先减少后增加趋势，高覆盖度呈微弱增加趋势；牧区的草地及农牧交错区的林地面积均呈波动增加趋势，牧区草地面积增加的区域主要在夏河县和玛曲县。对甘南州生态环境进行综合评价：甘南州大部分区域为生态轻度脆弱区和中度脆弱区；20年来以高覆盖度草地和林地为主的轻度脆弱区面积有所增加，以低覆盖度草地为主的高度脆弱区面积先增加后减少，说明由于自然降水增加及一系列生态保护工程的共同影响，2000年以后甘南生态环境质量有所好转。

一、甘南藏族自治州概况

甘南藏族自治州是中国十个藏族自治州之一，位于中国甘肃省西南部，地处青藏高原东北边缘与黄土高原西部过渡地段。境内草原广阔，平均海拔2960米，平均气温1.7℃，无霜期短，日照时间长，是典型的大陆性气候。甘南南部与四川阿坝州相连，西南与青海黄南州、果洛州接壤，东部和北部与陇南市、定西市、临夏州毗邻，地理坐标位于100°46′～104°44′E，33°06′～36°10′N。辖内包括合作市和临潭、卓尼、迭部、舟曲、夏河、玛曲、碌曲7个县，面积40201平方千米，人口73万。甘南州是黄河上游重要的水源补给生态功能区。

依据气候、地理等因素，甘南州8个市县的气候生态类型主要可分为两大区，即以草地为主的牧区（夏河、碌曲、玛曲、合作）和草地、林地、耕地混合的农牧交错区（临潭、卓尼、迭部、舟曲）。

二、甘南州气候变化分析

根据各市县气象站历史气象资料，分别对牧区和农牧交错区近40年来的气温、降水年变化特征进行分析。

(一)牧区年均气温显著上升

从1973—2014年甘南牧区四个气象站的年平均气温变化图(图1)可知,夏河、碌曲、玛曲、合作42年来的年平均气温分别是3.28℃、2.84℃、1.78℃、2.71℃,夏河历年平均气温最高,其次是碌曲、合作,玛曲最低。四市县年均气温均呈上升趋势,玛曲增温速率最大,夏河和碌曲的增温速率比较接近,合作增温速率最小。

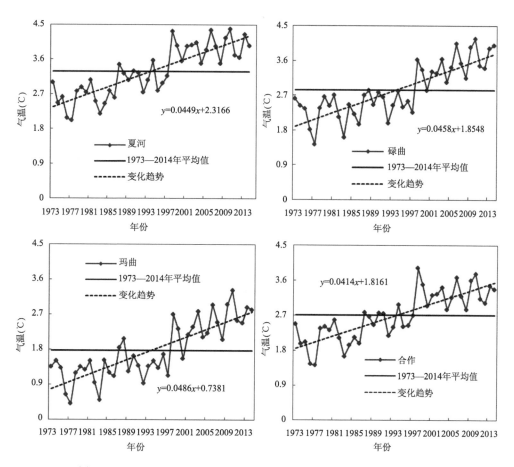

图1　1973—2014年甘南牧区(夏河、碌曲、玛曲、合作)年平均气温变化

(二)牧区年降水量2000年后总体上升

图2是1973—2014年甘南牧区四个气象站的年降水量变化图。夏河、碌曲、玛曲、合作42年来的平均年降水量分别是452.56毫米、598.23毫米、601.87毫米、543.01毫米,玛曲历年平均降水量最大,碌曲与之相近稍小,其次是合作,夏河最小。年际变化趋势上,除了夏河年降水呈现微弱的下降趋势,其余三市县的年降水均呈先下降后上升的趋势,这种上升趋势主要出现在2000年以后,其中合作的上升趋势最为明显,玛曲次之。

（三）农牧交错区年均气温显著上升

从1976—2014年甘南农牧交错区四个气象站的年平均气温变化图（图3）可看出，临潭、卓尼、迭部、舟曲39年来的年平均气温分别是3.69℃、5.41℃、7.34℃、13.39℃，舟曲历年平均气温最高，其次是迭部、卓尼，临潭最低。农牧交错区年均气温的变化趋势与牧区的一致，四县也均呈上升趋势，增温速率由高到低依次是迭部、卓尼、临潭、舟曲。

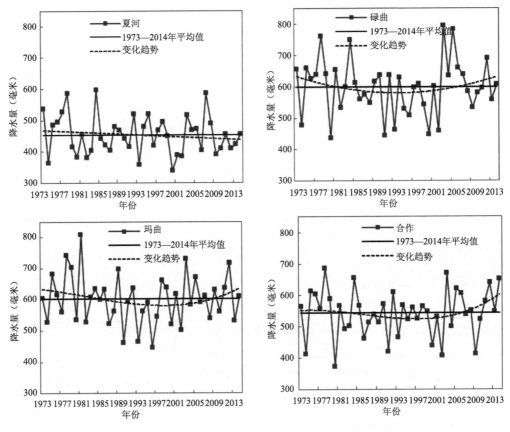

图2　1973—2014年甘南牧区（夏河、碌曲、玛曲、合作）年降水量变化

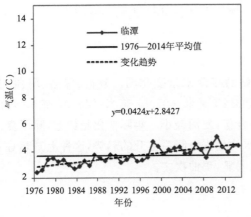

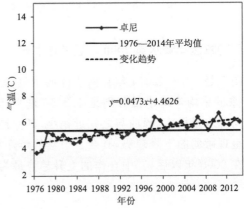

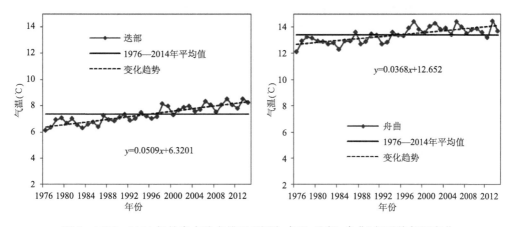

图3　1976—2014年甘南农牧交错区(临潭、卓尼、迭部、舟曲)年平均气温变化

(四)农牧交错区年降水量2004年后呈增加趋势

图4是1976—2014年甘南农牧交错区四个气象站的年降水量变化图。临潭、卓尼、迭部、舟曲39年来的平均年降水量分别是509.16毫米、543.67毫米、579.32毫米、428.76毫米,迭部历年平均降水量最大,其次是卓尼、临潭,舟曲最小。年变化趋势上,临潭和卓尼的年降水均

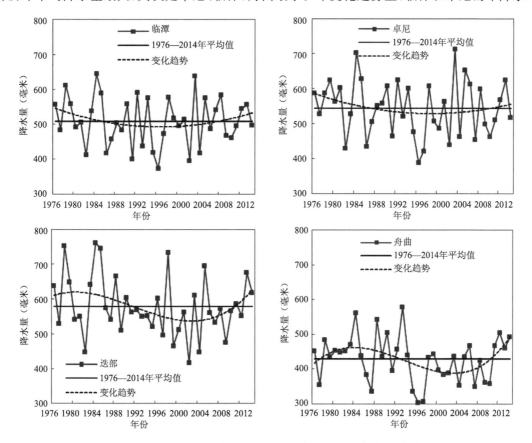

图4　1976—2014年甘南农牧交错区(临潭、卓尼、迭部、舟曲)年降水量变化

是先下降后上升,上升趋势均出现在 2000 年以后,上升趋势较微弱;迭部和舟曲的年降水表现为先上升后下降再上升的变化趋势,近年上升趋势均出现在 2004 年以后,上升趋势较为显著。总体上农牧交错区的四个县近 10 年来的降水均为增加趋势。

三、甘南州植被长势与变化状况遥感监测

(一)甘南州植被覆盖度较高

从空间分布来看,甘南州大部分区域分布着中高覆盖度植被(图 5)。其中,极低、低覆盖度植被主要分布在山区、河道地区;中覆盖度植被主要分布在山区及农田区;中高覆盖度植被主要为甘南西部草地;高覆盖度植被主要为甘南东部林地。

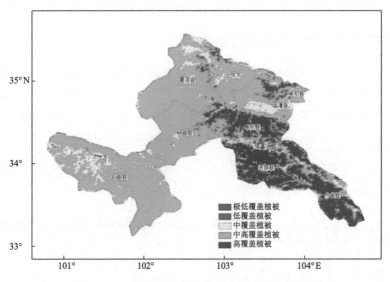

图 5 2000 年以来甘南州植被覆盖度平均分布图

(二)各覆盖度等级植被面积总体微弱增加

从 2000 年以来甘南州各覆盖度等级植被面积的年变化来看(图 6),低覆盖度植被面积年变化不大;中覆盖度植被面积呈先减少后增加趋势;中高覆盖度植被面积年变化不大;高覆盖度植被面积呈微弱增加趋势。

(三)两大生态区土地覆盖年变化

牧区草地面积波动增加。甘南州牧区主要土地覆盖类型为草地和裸地。2000 年以来牧区草地面积的年变化如下:

2000 年以来甘南州牧区草地面积呈波动增加趋势(图 7),共经历了 3 次较大的波动。草地面积最大的年份为 2010 年(16672 平方千米),最小的年份为 2000 年(14883 平方千米)。其中 2008 年前后的波动较大,2008 年草地面积比 15 年来的最小值仅多 62 平方千米。草地面积增加的区域主要分布在夏河县和玛曲县。

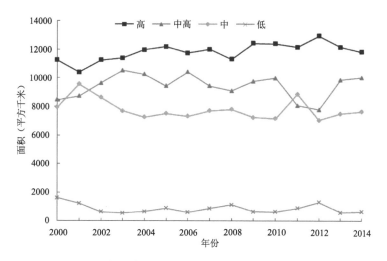

图6 2000年以来甘南州各覆盖度等级植被面积年际变化

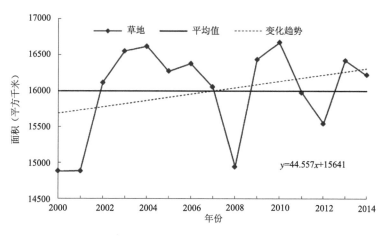

图7 2000年以来甘南州牧区草地年际变化

农牧交错区林地面积显著增加。甘南州农牧交错区主要土地覆盖类型为林地、草地和耕地。2000年以来各土地覆盖类型面积的年变化如下：

2000年以来甘南州农牧交错区林地面积呈波动增加趋势(图8)，草地、耕地面积变化不大。林地面积最大的年份为2013年(7118平方千米)，最小的年份为2000年(5176平方千米)。

(四)甘南州生态环境质量有所好转

对甘南州生态环境进行综合评价(图9)，结果表明：甘南州大部分地区为轻度脆弱区和中度脆弱区。

极度脆弱区主要为裸岩石砾地山区。2015年甘南州极度脆弱区仅占总面积的2.44％，相较于1995年的2.27％和2005年的2.16％，近20年来该区面积变化不大。

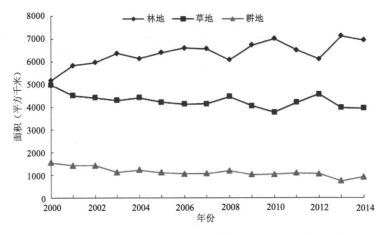

图8　2000年以来甘南州农牧交错区土地覆盖年际变化

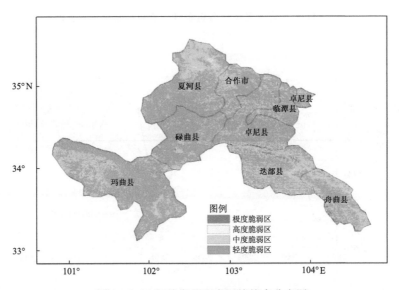

图9　2015年甘南州生态环境综合分布图

　　中度、轻度脆弱区内主要为高覆盖度草地及林地。近20年来中度脆弱区面积有减少趋势，1995年、2005年和2015年分别占总面积的26.96%、21.06%和14.09%；轻度脆弱区面积有增加趋势，1995年、2005年和2015年分别占总面积的66.95%、71.42%和79.59%。表明20年来甘南州高覆盖度草地和林地生态状况有转好趋势。

　　高度脆弱区内主要为低覆盖度草地，也是最容易产生退化的区域。该区域2005年面积最大，占总面积的5.36%，1995和2015年分别为3.82%和3.87%。2005年高度脆弱区面积比1995年增加，草地出现一定程度的退化；2015年面积比2005年有所减少，基本恢复至1995年水平。这与自然降水的变化趋势基本一致，表明受自然因素及人类活动共同影响，甘南州生态环境自1990—2000年有所恶化；但自2000年以后，由于自然降水增加及一系列生态保护工程（退牧还草、退耕还林）共同影响，甘南州生态环境质量有所好转。

甘肃省太阳能资源评估及开发建议

张存杰　朱飙　梁东升　林纾　杨苏华

张旭东　张东方　黄涛　王兴

（2009 年 6 月 29 日）

摘要：近些年来的研究成果表明，人类活动是造成全球性气候变暖的主要原因。为了减缓气候变化、保证经济持续增长、降低能耗和开发清洁能源，各国政府把太阳能、风能、潮汐能等绿色能源开发列入发展规划。我国已经在风能资源的普查、技术开发、研究和预测方面取得了重要进展。

甘肃省把打造"陆上三峡"，建设全国重要新能源基地作为发展目标，近年来，着力发展风电产业，加快了风能开发的步伐。根据国家风电发展规划，酒泉地区建设千万千瓦级风电基地，到 2015 年风电装机容量将达到 1271 万千瓦。但是由于目前风力发电电量较小、发电量不稳定、季节变化大，加之目前河西电网输送条件差等因素，影响了电网的稳定运行。

分析表明，甘肃省太阳能和风能具有很好的互补性。甘肃省冬春季风能数量大，夏秋季太阳能数量大；在能量密度上太阳能要比风能大两倍左右；在利用效率上风能为 30% 左右，太阳能为 10% 左右，高出太阳能两倍左右。以目前的技术和装备水平，风能和太阳能综合开发、互补利用可以达到一种相对平稳的状态，既解决了风能开发面临的瓶颈问题，又可以显著增加发电量。

甘肃省太阳能资源丰富区和较丰富区面积达 20 万平方千米以上，基本覆盖了河西全部、陇中北部和甘南高原地区，省内其余地区均为可利用区，太阳能储量极为丰富。经估算，全省年太阳总辐射达 70.45 万亿千瓦，如果仅用甘肃省太阳能丰富区和较丰富区面积的 1% 来开发太阳能，每年的发电量最大可抵得上 4.5 座三峡，也就是说可以达到 3800 亿度电。

甘肃省具有很好的太阳能开发利用条件，相比我国其他地区，甘肃省太阳辐射强、可利用时间长、日照稳定性好，资源丰富区多处于戈壁和荒漠，土地占用成本低，非常利于开发利用。

为了贯彻落实省委、省政府建设全国重要新能源基地的方针，充分利用甘肃省丰富的太阳能储备和较好的开发利用条件，大力开发气候资源，提高清洁能源的利用水平，甘肃省气象局对甘肃省太阳能进行了详细评估分析，并对甘肃省太阳能开发提出了初步建议。

一、甘肃省太阳能资源分布

太阳能是取之不尽的可再生绿色能源，被看成是未来可再生能源利用的重要方向之一。世界各国都在大力发展太阳能产业，我国太阳能产业起步较晚，但近几年发展很快，截至 2006 年底，全国已建成多座光伏电站，光伏发电总装机容量累计 65 兆瓦，随着光伏电池技术的进步，光伏发电的成本以每年 9% 的速度降低，应用前景十分广阔。

甘肃省是全国可再生能源最富集的地区之一,不仅风能资源丰富,而且太阳能资源储量巨大,风能和太阳能在时间上具有很好的互补性。特别是河西地区由于降水稀少,空气干燥,晴天多,光照充足,太阳能资源丰富。根据全国太阳能资源区划,甘肃省大部分地区处于太阳能资源丰富、较丰富地带,这就为甘肃省太阳能利用奠定了良好的基础。

本文所用资料为甘肃省气象局80个气象观测站1971—2008年近40年有关太阳日照的气象观测数据以及6个太阳辐射站的所有辐射资料。

太阳能资源主要用总辐射来表征。我们根据太阳能资源计算公式,利用日照时数、日照百分率以及相关地理信息资料建立了推算模型,获得了全省近80个县市(区)的太阳能辐射模拟数据。根据计算结果对甘肃省的太阳能资源进行了初步评估,对太阳能的时空分布规律、开发利用条件和潜力进行科学的评价和定量的分析。

(一)甘肃太阳总辐射的分布

甘肃省各地年太阳总辐射值在1306～1764(千瓦·时)/(平方米·年),其地理分布有自西北向东南递减的规律(图1)。有两个大于1700(千瓦·时)/(平方米·年)的高值区,一个位于河西走廊西部,另一个位于武威民勤一带,这些地区降水稀少,空气干燥,晴天多。甘肃东南部地区则是年总辐射量的低值区,在1306～1444(千瓦·时)/(平方米·年),这是因为东南部地区多降水和多云量。甘南高原缺乏地面辐射观测,但根据卫星遥感资料分析,当地太阳辐射为高值区。

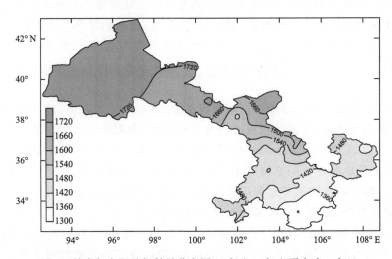

图1 甘肃年太阳总辐射量分布图((千瓦·时)/(平方米·年))

(二)甘肃日照百分率的分布

日照百分率是实际观测的日照时数与理论天文日照时数的比值,该值越大说明该地区日照越稳定,受天气变化影响越小,太阳能资源越稳定,越有利于太阳能资源的开发利用。甘肃省各地年太阳日照百分率在37%～75%,分布趋势亦由西北向东南逐渐减小(图2)。

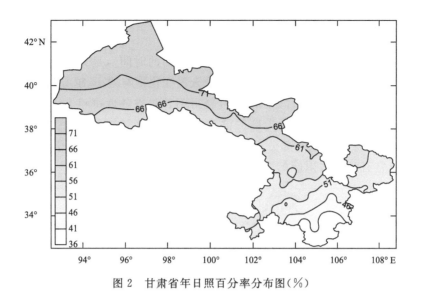

图2　甘肃省年日照百分率分布图(%)

(三)甘肃日照时数的分布

　　我国太阳能区划规定:全年日照时数在2800～3300小时,且太阳总辐射量为1700～2222千瓦·时/平方米的区域,即可称为太阳能资源丰富区,其开发利用价值很高。甘肃省除东南部部分地区不在太阳能丰富区外,其余地区太阳能资源都非常丰富。甘肃省各地年太阳日照时数在1631～3319小时,分布趋势亦由西北向东南逐渐减少(图3)。河西走廊,祁连山中西部北坡浅山区,大部分在2900小时以上;兰州、武威、白银及环县以北等地区超过2600小时;甘南州西南部高于周围的原因是当地海拔高,空气稀薄,大气透明度高,太阳光透射强而形成的;陇南山区在2000小时以下。可见年日照时数的高值区和低值区位置与年太阳总辐射高、低值区相一致。

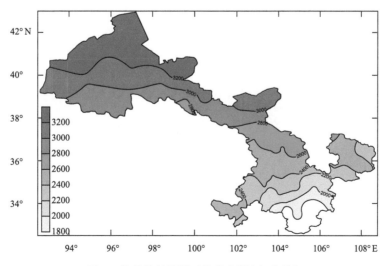

图3　甘肃省年日照时数分布图(小时/年)

（四）甘肃各地每年日照时数大于 **6** 小时天数分布

日照时数（表示天空无云遮挡，太阳实际照射地面的时间），是太阳能评估的重要指标之一，该值越大表明该地区日照越充裕、越稳定，受天气变化影响越小，越有利于太阳能资源的开发利用。由甘肃 80 站多年实测的日照时数资料得到甘肃省各地每年太阳日照时数大于 6 小时的天数在 150～320 天，尤其河西走廊的酒泉、嘉峪关、张掖，每年日照时数大于 6 小时的天数在 290 天以上；除陇南东南部分以外的其余地区每年日照时数大于 6 小时的天数也在 190～290 天，非常有利于太阳能的开发（图 4）。

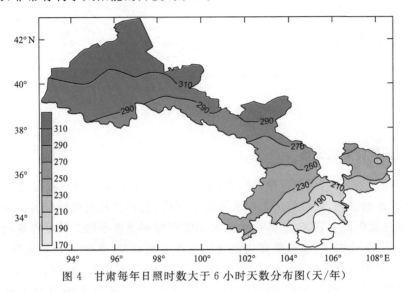

图 4　甘肃每年日照时数大于 6 小时天数分布图（天/年）

（五）甘肃太阳能资源初步划分

综合分析太阳能总辐射、日照时数、日照百分率、有效辐射利用的天数等指标，可以将甘肃省太阳能资源划分为资源丰富区、较丰富区和可利用区等三级区域（图 5 和表 1）。

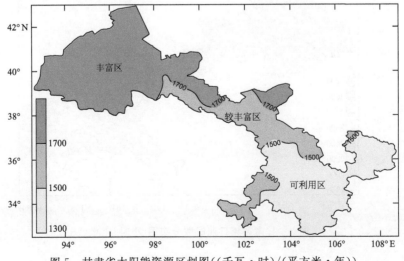

图 5　甘肃省太阳能资源区划图（（千瓦·时）/（平方米·年））

表 1　太阳能资源丰富程度等级 *

总辐射量	日照时数	资源丰富程度
≥1700 千瓦·小时/（平方米·年）	2800～3300 小时	丰富区
1500～1700 千瓦·小时/（平方米·年）	3000～3200 小时	较丰富区
1200～1500 千瓦·小时/（平方米·年）	2200～3000 小时	可利用区
＜1200 千瓦·小时/（平方米·年）	＜2200 小时	贫乏区

* 中国自然资源丛书编撰委员会,1995. 中国自然资源丛书《气候卷》[M]. 北京:中国环境科学出版社。

太阳能资源丰富区。包括河西走廊的酒泉和嘉峪关的全部,张掖大部和民勤县。本区年太阳总辐射量大于 1700(千瓦·时)/(平方米·年),年日照时数 2900～3319 小时,日照百分率大于 64%,每年太阳日照时数大于 6 小时的天数在 290 天以上。

太阳能资源较丰富区。包括金昌、武威、白银大部、兰州大部、环县部分地区、甘南州西部地区。本区年太阳总辐射量在 1500～1700(千瓦·时)/(平方米·年),年日照时数 2600 小时以上,日照百分率大于 58%,每年太阳日照时数大于 6 小时的天数在 260 天以上。

太阳能资源可利用区。包括定西、天水、平凉、庆阳、陇南,以及甘南东部地区。本区年太阳总辐射量在 1300～1500(千瓦·时)/(平方米·年),年日照时数小于 2600 小时,日照百分率低于 58%,每年太阳日照时数大于 6 小时的天数在 150 天以上。

二、甘肃省开发太阳能的前景和优势

(一)太阳能储量巨大

经估算,甘肃省年太阳总辐射达 70.45 万亿千瓦,资源储量极为丰富。甘肃省太阳能资源丰富区和较丰富区面积达 20 万平方千米以上,这些区域多为戈壁荒漠,如果仅利用该区域面积的百分之一(以 2000 平方千米计)安装太阳能光伏发电系统,光电转化效率以 10% 计,装机总量就能达到 1.2 亿千瓦以上,按平均每年额定功率运行 1000 小时计算,相当于 1.5 座三峡电站的年发电量(三峡 2008 年的发电量为 848 亿千瓦时);如果按实际的日照时数每年平均3000 小时计算,年发电量则可以达到 4.5 座三峡电站的发电量。

(二)太阳能开发优势

甘肃省太阳能资源可开发时间长,丰富区和较丰富区每年可利用时间在 2600～3300 小时,日照百分率基本在 60% 以上,可利用天数超过 260 天,太阳能可以稳定地开发利用。太阳能丰富区和较丰富区多为荒漠戈壁,地势平坦,基本无作物种植,在此开发太阳能不用占用农田,易于铺设道路,开发成本很低。

(三)太阳能开发将很好地促进风能利用

甘肃省风能开发已经进入快速发展通道,2008 年风电装机总量已超过 100 万千瓦,风电场数量达到十多个,但是目前由于风力发电电量较小、电量不稳定,受季节和天气变化影响较大,对电网的安全运行构成了威胁。

研究发现,甘肃省太阳能和风能在时间上和开发量上具有很好的互补性(图6)。甘肃省冬春季风能数量大,夏秋季太阳能数量大;在能量密度方面,太阳能要比风能大两倍左右;在利用效率方面,风能为30％左右,太阳能为10％左右,高出太阳能两倍左右。通过两种清洁能源的相互补充调剂能够达到相对稳定的平衡状态,便于上网和利用。

同时开发两种资源,一方面可以解决目前风能开发利用过程中遇到的问题,另一方面也会显著增加发电量。

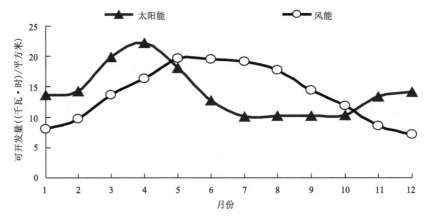

图6　甘肃省太阳能和风能可开发量(功密度)年变化

（风能利用率以30％计,太阳能以10％计）

三、甘肃省太阳能开发建议

（1）甘肃省太阳能资源极为丰富,区域内自然地理条件好,开发利用优势明显,建议政府组织相关部门尽快制定详细的太阳能资源开发总体规划,并开展太阳能发电硬件设备、软件管理系统以及其他配套设施的研发工作,使甘肃省蕴藏巨大太阳能资源尽早为经济社会发展服务。

（2）甘肃省辐射观测站点稀疏,大部分地区的太阳辐射依据推算模型得到,这会影响到评估结果的准确性。为了准确掌握甘肃省太阳能的资源的分布情况,建议在省内太阳能重点地区增设观测站,增加辐射观测密度,建立太阳能观测网。

（3）甘肃省灾害性天气种类多,诸如:沙尘暴、大风、降雪、极端高温和极端低温会对太阳能以及风能发电设备造成一定影响,建议在太阳能开发项目立项前,对开发区太阳能资源开展精细化评估和气候可行性论证工作。

（4）酒泉地区既是风能丰富区又是太阳能丰富区,为了使酒泉千万千瓦风电基地建设项目顺利开展,保证甘肃省电网安全稳定运行,建议在酒泉地区开展风能—太阳能互补开发试验,为大规模发展风光电互补系统奠定基础。

甘肃省气象局关于风能太阳能资源
开发利用工作的意见

马鹏里　方锋　朱飙　梁东升

李晓霞　黄涛　张旭东　王兴

（2015 年 6 月 15 日）

摘要：国务院办公厅发布的《关于进一步支持甘肃经济社会发展的若干意见》（国办发〔2010〕29 号）中指出："积极发展风能、太阳能等新能源及装备制造产业，构建新能源开发利用示范区"。省委、省政府《关于贯彻落实〈甘肃省加快转型发展建设国家生态安全屏障综合试验区总体方案〉的实施意见》（甘政发〔2014〕32 号）提出"大力发展战略性新兴产业，积极推进河西新能源基地建设，加快光伏发电和风电项目建设"重点任务。因此，加强风能太阳能开发利用工作，对于全面促进甘肃省能源资源节约利用、加大自然生态系统和环境保护，对于早日建成经济发展、山川秀美、社会和谐、民族团结的幸福美好新甘肃，具有重大的现实意义与深远的历史意义。

一、甘肃风能太阳能资源丰富

综合考虑自然地理、土地资源与利用、交通、电网等诸多因素的制约，甘肃省风能资源等级以 3 级为主，70 米高度 3 级风能资源的技术开发量为 2.37 亿千瓦，根据甘肃省各市区不同等级风能资源技术开发量（表1），技术开发面积约 6 万平方千米。甘肃省太阳能储量丰富，总体呈"由东南向西北递增"的态势，全省年太阳总辐射达 704.5 万亿千瓦时，开发利用前景好，每年可利用时间在 2600～3300 小时，可利用天数超过 260 天。如果利用河西区域面积的百分之一（以 2000 平方千米计）安装太阳能光伏发电系统，光电转化效率以 10％计，每年的预估发电量可达 2987 亿千瓦时，相当于 3 座三峡电站发电量。

二、开发过程中存在的问题

资源最丰富区建设过于集中：瓜州和玉门地区部分风电场排布密集、相邻间距很小，上下游风电场之间的相互影响显著。

气候条件恶劣：沙尘暴、极端最低气温、大风、雷暴等气象灾害对风能太阳能开发利用有一定影响。

弃风严重：受电力系统调峰能力及外送通道输送容量限制等几方面因素影响，河西地区弃风现象严重，部分风电场常年处于限电状态。

风电机组种类繁多：河西地区所装风电机组单机容量差异较大，轮毂高度各不相同、控制

表1 甘肃省各市区不同等级风能资源技术开发量

地区	≥250 瓦/平方米		≥300 瓦/平方米		≥400 瓦/平方米	
	技术开发量（万千瓦）	技术开发面积（平方千米）	技术开发量（万千瓦）	技术开发面积（平方千米）	技术开发量（万千瓦）	技术开发面积（平方千米）
酒泉	17672	43855	16466	41249	3544	9153
嘉峪关	235	612	66	212	13	48
张掖	739	1865	61	165	60	163
金昌	99	230	87	214	39	98
武威	2334	5856	1207	2782	154	367
白银	3865	11134	3342	9514	430	1237
兰州	674	1901	531	1560	30	82
临夏	29	85	14	40	2	5
甘南	184	530	82	236	4	12
定西	1127	3437	695	2094	70	201
庆阳	884	2765	585	1791	112	330
平凉	221	651	52	155	5	15
天水	460	1419	370	1114	29	89
陇南	80	248	75	218	37	110

形式多样。

调试与试运行频繁：大部分风电场装机容量大，分多期建设，容量不断变化，经常处于调试和试运行阶段，运行不稳定。

目前太阳能光伏发电项目并网装机规模尚小，对电网的冲击不大，随着装机规模的不断扩大，光伏电站将面临与风电同样的送出、调峰等问题。

三、进一步开发利用风能太阳能工作意见

（1）提高整个电网的调峰能力。甘肃省风能太阳能在时间上和开发量上有很好的互补性。比较而言，冬春季风能丰富，夏秋季太阳能丰富；白天太阳能丰富，夜间风能丰富，应采用风—风互补和风—光互补方式，提高整个电网的调峰能力。

（2）重视风能资源评估，合理布设风电场。针对甘肃省弃风限电严重，应重点考虑大规模风电并网的保障及并网成本，加强风电技术产业发展的经济性分析。

（3）建立风能太阳能预报机构。规范开展电网端、风电场和太阳能电站业务必需的观测布点，实现实时数据传输与共享；跟踪能源与气象研究新成果，不断提升研发能力，提高风、光电功率预报准确率，有效提高电网的消纳能力。

（4）开展太阳能资源监测和精细化评估。目前已有的太阳能资源评估对精细化太阳能资源利用的科技支撑不足，需要增加太阳能资源监测的空间分布和观测项目，有针对性地提出更精细的评估结果。

（5）加强气象灾害风险区划、评估、预警、管理服务工作。甘肃省地形地貌复杂，气候差异大，风、光能开发利用应充分论证，防范沙尘暴、极端低温、大风、雷暴等主要恶劣天气的影响；及早开展气象灾害风险区划、评估、预警、管理服务工作，为经济建设与社会发展做好保障。

第三篇

脱贫攻坚与现代农业

积极应对气候变化，努力服务精准扶贫[*]

马鹏里　方锋　高伟东　李晓霞

王有恒　赵红岩　万信

（2016 年 8 月 19 日）

摘要： 为全面贯彻落实甘肃省委副书记、省长在新华通讯社《国内动态清样》（第 2209 期）《谨防气候变化成为西部地区因灾致贫新"穷根"》上的重要批示精神，按照甘肃省人民政府督查室《转办通知》（甘政督转字〔2016〕380 号）文件要求，甘肃省气象局围绕甘肃省自然生态环境特点，对近年来气象部门应对气候变化与精准扶贫工作进行了分析，总结了实施以特色气候资源为抓手的气象精准脱贫、以趋利避害为目标的农业应对气候变化、以风险管理为手段的气象防灾减灾能力建设和以生态安全为核心的关键气象技术保障等四个方面的有效举措。同时，围绕甘肃省发展战略，提出了针对气候变化背景下绿色扶贫脱贫的对策建议：一是创新乡村管理模式，推进乡村防灾减灾与精准扶贫精细化管理；二是适应甘肃气候变化，积极推进扶贫产业绿色化改造与结构调整；三是确保精准扶贫成效，构建甘肃省气象环境容量与生态补偿制度；四是坚持绿色持续发展，强化风能、太阳能与水资源等的开发利用；五是突出生态文明建设，加快国家生态安全屏障综合试验区气象保障。

一、气候变化已经严重影响到甘肃的精准扶贫脱贫

甘肃省深居欧亚大陆腹地，地貌多以高原山地、河谷平川与沙漠戈壁为主，干旱半干旱区占全省面积的 76%，是我国生态环境最为脆弱的省份之一，防灾抗灾基础异常薄弱。

（一）有利影响

气候变暖有利于甘肃越冬作物种植面积增加、部分地区复种指数提高和产量增加。近 50 年来，气候变暖使得越冬作物适宜种植区范围北扩 50～100 千米、海拔提高 200 米左右。冬麦北移可使原种植春小麦区的作物单产平均增加约 12%。一年两熟制作物种植北界不同程度北移，与 20 世纪 80 年代相比，北界已延伸到陇东的东南部，陇南境内平均北移 240 千米，东北部地区耕作面积增加，复种指数明显提高。不考虑品种、社会经济等变化，一年一熟变为一年两熟的粮食单产在陇南可增产 44% 以上，陇中可增加 71% 以上。

夏季雨带北移有利于甘肃农区生产潜力增加。我国夏季雨带 21 世纪以来已北移至淮河到黄河流域，持续近 30 年的"南涝北旱"降水分布型显现转变趋势，夏季雨带北移致使甘肃农

---

* 入选 2016 年全国优秀决策气象服务材料汇编。

区水热资源配合趋好,有利于农区稳产增产。

(二)不利影响

甘肃中东部地区干旱化加剧,极端气候事件影响增大。近50年来,甘肃气候变暖速率达0.26℃/10年,高出全球均值1倍多;近年来全省每年因气象灾害造成的直接经济损失高达20亿余元。

水资源减少,农业生产风险加大、生态环境脆弱性加强。气候变暖进一步加剧了农业用水供需矛盾,病虫害活跃区域扩大,小麦条锈病菌北扩,春季发病日期提前15天;林果与农作物发育提前,遭受低温冻害风险加大。河西走廊冰川加速萎缩,甘南冻土层解冻,草原虫鼠害增多,自然生态系统脆弱性更趋严峻。

新的灾害类型侵蚀精准扶贫成效。甘肃过去以抗旱为主,现在春季低温冻害、夏秋冰雹与强降水等灾害增多,农业病虫害与草原鼠害增加,导致原先适于干旱少雨、高寒阴湿气候的避灾农业面临产业调整,使得因灾返贫风险加大。

二、气象精准扶贫脱贫举措

甘肃省气象局积极发挥部门优势,围绕甘肃自然生态环境特点与精准扶贫要求,积极应对、多措并举,努力做好扶贫全过程中趋利避害应对气候变化工作。

(一)以特色气候资源为抓手,推进气象精准脱贫工作

研发推广优势特色农业气象适用技术:针对永登高原夏菜主产区研发的"错期播种、分批上市"农业气象适用技术,使娃娃菜产量提高到亩产1000千克,每亩增收2000元以上;针对高温危害研了定西马铃薯播种期延迟技术,每亩增产达93千克,仅2008—2010年定西市马铃薯总产增收7亿千克,增收6.2亿元;研发的林果业综合气象服务技术,使天水市增加林果种植面积近10万亩,增加产值约1.6亿元。

研发推广经济实用的温室气象技术:"温室远程和自动控制揭盖帘系统"增强了种植户冻害应急防控能力,使日光温室蔬菜亩均增收10%以上。"天水最优结构节能型日光温室建造及试验示范技术"使温室建设每亩资金投入减少3450元,提高生产效益28%~32%,亩均经济收入净增2000元以上。

研发新能源开发利用气象保障技术:研发了适于西北地区风能太阳能功率预报系统,提高了清洁能源利用率,已经服务于30个风光电厂的建设选址。

(二)以趋利避害为目标,科学应对气候变化

强化应对气候变化建言献策:成立了省气象局和区域气象中心应对气候变化工作领导小组、兰州区域应对气候变化中心。及时向省委、省政府提供应对气候变化决策材料,如《西北区域气候变化评估报告》《气候变化对甘肃河西生态安全的影响与对策建议》《气候变化对祁连山水资源可持续利用的影响及对策建议》等。

加强西北区域数值预报模式研发:组建了西北区域数值预报模式研发团队,研发了适于西北区域天气与气候预报模式,建立了能够满足气候和气候变化预估与服务需求的气候观测

系统。

加大人工影响天气作业力度：增设高炮、火箭、焰弹等装备，建设"祁连山人工增雨（雪）体系工程"，为河西地区增加降水 10％～15％，有效缓解水资源紧缺的矛盾；"十三五"期间，将继续实施祁连山人工增雨（雪）体系工程（二期），该项目已获中国气象局批准立项。

强化气候变化科普教育：定期发布《甘肃省气候变化监测公报》；充分利用"3·23气象日"等开展气候变化科普宣传。与省委党校签订合作协议，把气候变化列入主体班课程。在人民日报等媒体介绍气候变化知识。

（三）以风险管理为手段，加强气象防灾减灾能力建设

建立了气象灾害风险预警业务体系：实现了灾害风险普查、风险识别、风险预警和风险评估的综合管理，不仅关注气象灾害的发生发展，更加关注社会防灾减灾。

健全了气象防灾减灾机制：成立甘肃省气象灾害防御指挥部；建立了涉及省厅26个气象防灾减灾成员部位的联络员会议制度；紧扣"测、报、防、抗、救、援"六大环节，印发了《关于进一步加强气象灾害防御工作的通知》《关于加强气象灾害监测预警及信息发布工作的意见》等文件。

完成了省农村气象灾害防御体系工程：健全了农村气象灾害预警信息发布与传播体系，实现了预警信息传播纵向到底，解决了贫困地区气象服务信息"最后一公里"问题。

（四）以生态安全为核心，强化关键气象技术保障

强化生态安全决策服务：2007年围绕时任国务院总理温家宝视察甘肃民勤时的嘱托，撰写了《气候变化对祁连山冰川和河西内陆河流域的影响及应对措施》、《人工增雨（雪）保护祁连山冰川缓解生态危机》，在《新华社—国内动态清样》（第3284期）刊登；"十二五"期间，向省委省政府上报《甘肃生态文明建设应高度重视气象防灾减灾和应对气候变化工作的建议》、《气候变化对甘肃河西生态安全的影响与对策建议》等决策服务材料；提交全国两会建议提案《在河西内陆河流域生态治理中重视应对气候变化的建议》。

加强多部门生态环境综合监测评价：联合农牧厅等部门，针对生态恢复保护、缓解水资源紧缺及农业抗旱、森林防火、人工防雹、空气污染等开展综合监测评价与决策服务。

积极服务国家生态安全屏障综合试验区建设：建成武威国家一级荒漠生态与农业气象试验站、甘南合作国家二级农业气象站等监测服务台站；充分发挥卫星遥感监测优势，开展全省生态环境的动态监测，及时向地方政府提供服务。

构建基于人影作业的生态安全防护工程：积极建设河西人工增雨（雪）基地，科学利用空中水资源提高河西地区降水效率，发挥人工影响天气作业在石羊河流域重点治理工程与生态恢复中的作用。

三、绿色扶贫脱贫对策建议

气候变化对甘肃生态环境与经济社会发展的影响深刻而复杂，应针对不同行业不同区域的气候变化特点，采取科学的趋利避害对策措施。建议：未来将进一步从甘肃省长期发展战略出发高度强化气候变化背景下的精准扶贫工作。

(一)创新乡村管理模式,推进乡村防灾减灾与精准扶贫精细化管理

气候变化正使十年九旱的甘肃天气变得更暖、旱时更旱、涝时更涝,气象灾害频发且新的灾害类型发生,全省气象灾害造成的直接经济损失占 GDP 的 2.4%,严重威胁到精准扶贫的成效,甚至出现因灾致贫、拖贫、返贫现象。因此,需要加快推进乡镇防灾减灾能力建设,实施甘肃省气象防灾减灾气象保障工程,在乡镇尺度上实现"测、报、防、抗、救、援",解决精准扶贫的"最后一公里"问题,大力发展以大数据、云计算为载体的新型乡镇管理模式,有效避灾,促进扶贫工作的精细化与管理增效。

(二)适应甘肃气候变化,积极推进扶贫产业绿色化改造与结构调整

适应气候变化,优化区域发展格局,需要积极调整扶贫产业结构,加快培育特色优势富民产业发展,实施丝绸之路经济带甘肃黄金段气象保障工程。针对甘肃干旱、少雨、多灾特点,拟压夏扩秋、改粮扩经,发展马铃薯、玉米、中药材、经济林果等旱作农业和避灾农业。同时,需要针对性地选育高产优质抗逆性强的作物品种应对气候变暖与病虫害加剧的影响。

(三)确保精准扶贫成效,构建甘肃省气象环境容量与生态补偿制度

气候变化使作物生长发育面临的高温、干旱、霜冻、农业病虫害和草原鼠害威胁明显增加,人类面临的高温热浪、雾霾、沙尘暴等环境影响加剧,贫困地区应对能力更差,导致群众因灾返贫风险加大。为此,迫切需要对重点生态功能区、生态敏感区和脆弱区等实行严格的红线管控制度,研发气象环境容量与生态补偿评估技术,严格限定红线区资源利用方式和强度,确保面积不减少、性质不改变、功能不降低。

(四)坚持绿色持续发展,强化风能、太阳能与水资源等的开发利用

甘肃独特的地理区位优势使得其风能、太阳能资源充足,充分利用这些可再生资源促进风光电产业化、集成化发展,有助于绿色快速脱贫。据估算,甘肃省风能总储量居全国第三,风功率密度大于 300 千瓦的技术可开发量 2.37 亿千瓦,可开发面积 6 万平方千米;全省年太阳总辐射达 700 万亿千瓦,每年预估发电量可达 300 亿千瓦时,相当于 3 座三峡水电站发电量;全省空中水资源丰富,增雨潜力达 69.7 亿吨/年,因此要大力实施祁连山人工增雨(雪)体系二期工程,加快空中水资源开发有助于缓解干旱缺水和快速脱贫。

(五)突出生态文明建设,加快国家生态安全屏障综合试验区气象保障

针对甘肃绿色发展"筑屏障"与精准扶贫脱贫要求,需要以国家生态安全屏障综合试验区为平台,加强生态环境气象承载力评估技术研发,建立气候资源承载监测预警及应急机制,开展分行业、分区域的生态环境气象监测预警、生态保护与建设的评估论证工作,为甘肃省实现生态环境保护和环境综合治理、推动绿色富民提供气象保障。

渭源县特色作物种植及气象灾害风险区划报告

方锋　万信　王兴　石界　王小巍

（2018 年 7 月 15 日）

摘要：渭源是黄河最大支流—渭河的发源地，位于定西市中西部，地势西南高而东北低，境内海拔在 1930～3941 米。县城海拔 2080 米，年降水量 504 毫米，平均气温 6.1℃，极端最高气温 34.0℃，极端最低气温－23.6℃，无霜期 157 天。全县总面积 2065 平方千米，辖 12 镇 4 乡，人口 35 万人，其中农业人口 32.4 万人。全县耕地面积 111.6 万亩，林地 131 万亩，草场 80 万亩。根据气候特点，渭源县可分为南部高寒阴湿区，中部浅山河谷川（塬）区，北部黄土梁峁沟壑干旱少雨区三种类型。渭源县地形和气候复杂多样，降水主要集中在 7—9 月，占全年降水量的 51％，雨热同季，有机质含量高，土层深厚，为马铃薯种薯和中药材特色产业提供了得天独厚的条件，其种植面积均达到 40 万亩左右，已成为当地支柱产业。

依托规模和区位等优势，渭源县将特色产业确定为战略主导产业力促发展，呈现出快速发展的势头。由于气候变化的影响，近年来特色产业减产明显，种植格局也有所变化，因此，需要根据气候条件开展种植区划、调整种植结构，有针对性地减轻重点区域的气象灾害风险，为充分挖掘气候资源潜力，推动精准扶贫工作打好基础。根据农业气候区划结果，渭源县特色产业次适宜种植区主要问题是春旱频发，导致作物出苗率低，党参、黄芪生长期热量条件也嫌不足；由于近 5 年平均气温升高 0.8℃，原归局部适宜种植区已变为次适宜区，马铃薯也存在同样的问题；另外，北部干旱、西北部和西部冰雹、西部和东南部暴洪、东南部霜冻等自然灾害，也严重制约了产业发展。

一、发展现状

中药材种植：全县中药材产业按照"公司带动、连片发展、整体推动"的思路，采取"公司或专业合作社＋农户"的组织形式，着力打造"南归北参川芪"绿色中药材种植布局。目前，道地中药材种植重点区域分别是：①北部黄土梁峁沟壑干旱少雨区，该区域为优质党参产区，范围包括新寨、秦祁、北寨、大安、庆坪、清源（北部）、路园（北部）等乡镇。②中部浅山河谷川（塬）区，该区域为优质黄芪产区，范围包括莲峰、锹峪、清源、路园等乡镇。③南部高寒阴湿区，该区域为优质当归产区，范围包括会川、田家河、麻家集、上湾、祁家庙、五竹等乡镇。马铃薯种植：马铃薯产业遍布全县 16 个乡镇。①原种的生产区域，主要分布在会川、五竹、路园等乡镇。②原种和一级种的生产区域，主要分布在会川、五竹、祁家庙、田家河等中南部林缘地带乡镇和中北部隔离条件好的新寨、秦祁、北寨、大安等乡镇。

二、气候概况及影响

气候概况：据 2013—2017 年渭源县气象资料（表 1）：北部的秦祁、庆坪等地年降水量为 315～400 毫米，南部的田家河、五竹等地达到 480～560 毫米，其余乡镇普遍为 400～480 毫米；年平均气温在 5.9～7.2℃。渭源县城近 5 年平均气温上升了 0.8℃，降水减少了 45 毫米。

中药材方面：苗期 4—6 月，易受干旱天气影响，造成死苗严重。生长期 7—10 月，受伏旱和连阴雨天气影响，容易发生白粉病、锈病、根腐病、褐斑病，减产严重。

表 1 渭源县气象灾害风险区划

	气候概况		干旱			冰雹			暴洪			霜冻		
	年均气温(℃)	年降水量(毫米)	高风险	中风险	低风险	高风险	中风险	低风险	高风险	中风险	低风险	高风险	中风险	低风险
秦祁	6.3	345	全部				四周	中部			全部			全部
大安	5.9	341	全部				西部	中东部			全部			全部
新寨	5.9	353	全部			全部			南部	中北部		南部		中北部
北寨	6.5	315	全部			全部			南部	中北部		南部	中部	北部
庆坪	—	387	全部			全部			北部		中南部		西部东部	北部
上湾	6.7	418		全部		全部				中南部		中部西部	南部中北部	北部
麻家集	—	438		中西部	东部	全部					全部	中西部	南部	东北部
峡城	—	450		西部	中东部	东部		中西部	全部					全部
会川	5.9	461			全部	南部	中西部	东北部	全部			西北—东南	东北中部	南部
田家河	—	556			全部	全部			全部					全部
祁家庙	—	469		全部		北部	中部偏北	中南部	西部南部	中北部			绝大部	南端
五竹	6.3	484			全部	南部	中部	北部	全部			中北部		南部
清源	6.9	459	中北部	南部		中北部	南部	最南端	中南部	北部		中南部	北部	
路园	—	398	全部			全部			全部					全部
锹峪	—	426	北部	中部	南部	北部	中部	南部			全部			全部
莲峰	7.2	410	北部	中部	南部	中东部	西北部		全部					全部

马铃薯方面：春末初夏干旱（5—6 月）对马铃薯出苗及块茎数量形成影响严重，而伏期（7—9 月）高温干旱易造成块茎膨大受阻、多雨天气则易引发晚疫病流行。

三、气候区划

(一)特色产业种植精细化区划

根据作物生物学特性及当地气候条件,以1981—2010年气象要素均值为基准值,以Arc-GIS软件为制图工具,根据专家经验对各区划指标赋予相应权重系数,最后形成分辨率为100米的农业气候区划图,包括适宜、次适宜、不适宜三个级别(图1)。

(1)特色作物生物学特性及区划指标

1)马铃薯喜阴湿冷凉,既怕霜冻又怕高温,块茎膨大期高温干旱易导致块茎变小而成畸形,不仅降低马铃薯当年产量,而且加速马铃薯退化过程。区划指标为年不低于0℃积温、年降水量、7月平均气温。

2)党参喜温和和凉爽气候和土层深厚、土质疏松的腐殖质土壤,高温则生长受到抑制且易患病害。指标为年不低于0℃积温、年日照时数、7月平均气温。

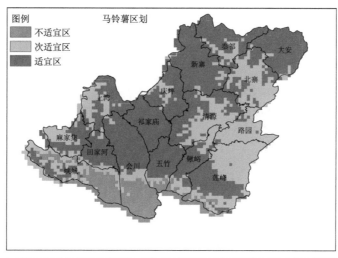

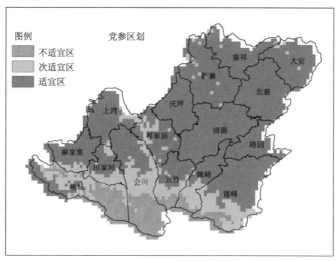

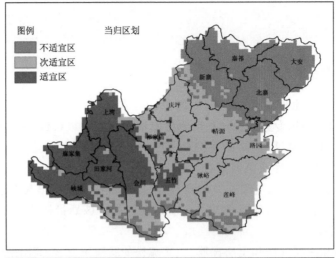

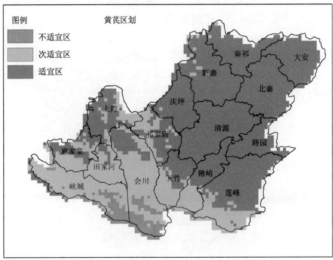

图 1 渭源县特色作物种植气候区划图

3)当归具有喜凉爽湿润气候,怕暑热高温的特点,要求阴雨日较多、光照较少、土壤质地疏松有机质含量高的黑土类和褐土类,适宜在高寒阴湿区种植。指标为海拔高度、年不低于 0℃ 积温、年降水量、年平均气温。

4)黄芪具有耐寒、怕热、耐旱、忌水涝,喜温和温凉半干旱气候生态特点,要求土层深厚、有机质含量高、透水性强的沙质壤土。指标为海拔高度、年不低于 0℃ 积温、4—10 月降水量、6—7 月平均气温。

(2)特色产业气候区划结果分析

1)适宜种植区:该区域农业气象条件良好,适宜作物生长发育、灾害轻、产量高。①马铃薯适宜区:祁家庙、田家河、新寨、会川、五竹、大安等乡镇,亩产可达 2000～3000 千克。②党参适宜区:除南部高海拔区外,其他绝大部分地方均适宜种植,亩产可达 150～220 千克。③当归适宜区:渭源西部的田家河、麻家集等地,亩产可达 150～220 千克。④黄芪适宜区:渭源中东部大部地方,亩产可达 300～400 千克。

2)次适宜区:该区域气候条件能基本满足生长发育需求,气象灾害及病虫害对农作物有较大影响,产量不稳。①马铃薯次适宜区:东部的北寨、清源、路园和西部的局部地方,年平均气温 6.5～7.2℃,气温过高、块茎膨大期易遭受高温危害。②党参次适宜区:会川、锹峪等少数地方,不低于 0℃积温 1900～2100℃·天,热量不足。③当归次适宜区:庆坪、清源、路园、锹峪、莲峰等乡镇,年平均气温 6.9～7.2℃,气温过高,不低于 0℃积温达到 2800℃·天以上。④黄芪次适宜区:田家河、会川、峡城等乡镇,不低于 0℃积温 1400～1600℃·天,热量不足。

3)不适宜区:气候条件不能满足生长发育要求,农业气象灾害、病虫害影响大,产量低。①南部高海拔山区气温低,以林牧业为主,不适宜作物种植,其中以马铃薯和党参不适宜区面积较大。②东北部黄土梁峁沟壑干旱少雨区,不适宜当归种植。

(二)农业气象灾害风险区划

根据导致作物受灾的气象要素危害强度和频次、特色产业受灾的潜在规模总量以及地方对灾害的抵御能力大小,承载体所处的自然环境对灾害形成的影响作用,风险承担者面临农业气象灾害时的防灾减灾能力,以及不同风险因素对灾害形成贡献大小的权重系数,通过评估模型获取风险指数并绘制风险分布图(图 2)。

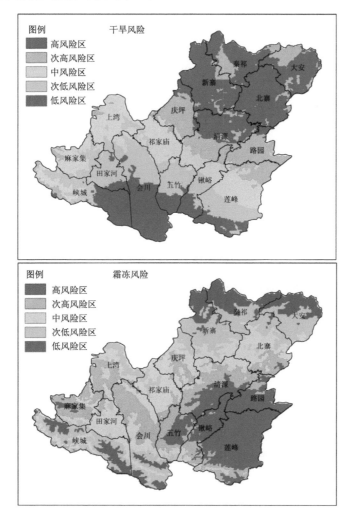

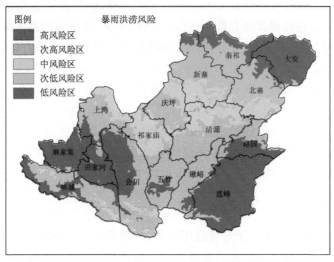

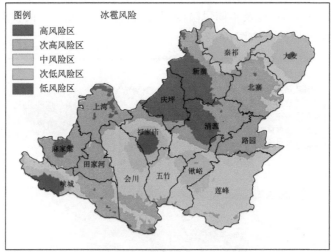

图 2　农业气象灾害风险区划图

干旱:由于降水从北向南逐渐增加,北部干旱半干旱山区降水少且无灌溉条件因而风险最重,中部次之,西南部为二阴山区且部分地方有灌溉条件因此旱情相对较轻。干旱灾害对特色作物的影响主要发生在苗期、开花到地下块茎(根茎)膨大期。

霜冻:受冷空气入侵和地形两方面因素影响,东南部川谷地带冷空气容易堆积而形成重灾区。早霜冻对马铃薯影响较大,造成后期淀粉积累不足;晚霜冻对中药材苗期影响较大。

暴洪:与降水分布基本一致,暴洪灾害风险由南向北依次递减,其中以西部和东南部最重,东北部相对较轻。

冰雹:冰雹来源主要有两条路径,多数情况下渭源冰雹来源于马啣山,由西北向东南移动;另一路从西入侵,受气候变化影响,近几年西部有增多趋势。因此,冰雹灾害风险以西北部的庆坪、新寨、清源和西部的麻家集和上湾等地最重。

四、气候影响对策建议

(1)该区划从气候角度给出了特色优势产业适生种植区,作物种植不但要考虑气象要素,适宜的土壤条件也不可或缺。各地可结合目前种植现状,参考适生种植气候区划(表2)及特定作物土壤需求进行作物布局调整,作物产量、价格等因素也要统筹考虑。

马铃薯种薯生产按照南部生产原种,中北部生产一级种的种植布局,在目前种薯重点乡镇外,从气候角度看,庆坪、锹峪中部、莲峰中部等地可予以重点关注。中药材种植在"南归北参川芪"规划指导下,关注其他适宜种植区:①党参可关注上湾、麻家集、会川北部、祁家庙、五竹北部、清源南部、锹峪北部、莲峰北部等地;②黄芪应关注北部的秦祁、大安、新寨、北寨、庆坪等地;③当归可关注的区域有峡城西部。

(2)针对次适宜种植区(表2)特定问题,可采取相应的应对措施,提高产量和品质。会川中部等地的党参,田家河、会川、峡城等地的黄芪主要问题是热量不足,可以采取地膜覆盖种植技术提高产量和品质;庆坪、清源、莲峰等中部地方当归,路园等东部地方和西部局部地方马铃薯种植则要重点解决生长期温度过高问题。

(3)从防灾减灾的角度看,重点关注北部干旱、西北部和西部冰雹、西部和东南部暴洪、东南部霜冻灾害(表1)。北部山区要加强水利基础设施建设,加大遮阳网保苗技术的推广应用。在适宜条件下积极开展人工增雨(雪)作业抗旱减灾,目前全县仅有的5个高炮消雹能力明显不足,建议适当增加。针对霜冻灾害,建议适当提前或推后播种期,培育生育期较短的品种,规避霜冻危害。

(4)气候变暖背景下伏期高温天气增多,马铃薯块茎膨大期易遭受高温危害,应适当推迟播种期以躲过块茎膨大期高温,渭源县常年适播期应选择在4月下旬至5月上旬,海拔越低播期越迟;各地应根据气候预测调整播期,伏期气温偏高时适当推迟播期,反之亦然。建议气象与农业部门联合开展特色作物趋势产量农业气象预测,适当增减各类作物播种面积,争取效益最大化。

表2　渭源县特色作物种植农业气候区划

	马铃薯			党参			当归			黄芪		
	适宜	次适宜	不适宜	适宜	次适宜	不适宜	适宜	次适宜	不适宜	适宜	次适宜	不适宜
秦祁	北部	中南部		全部					全部	全部		
大安	全部			全部					全部	全部		
新寨	全部			全部				西南	北部中部东南部	全部		
北寨	东北和西南	西北到东南大部分地方		全部					全部	全部		
庆坪	北部东部西南	中部到西北		全部				全部		全部		

续表

	马铃薯			党参			当归			黄芪		
	适宜	次适宜	不适宜	适宜	次适宜	不适宜	适宜	次适宜	不适宜	适宜	次适宜	不适宜
上湾	东部南部	中西部		全部			全部			中西部	东部	
麻家集	北部南部	中西部		中北部	南部		全部			中西部北部	南部中部	
峡城	中南部	中部	东部北部	中西部	中部	南部	中西部	中东部	南部		西部	南部
会川	北部	中部	南部	北部	中部	南部	北部	中部	南部	北部	中部	南部
田家河	全部			中西部	南部北部		全部			北部	中部	
祁家庙	全部			东部西部	西北部		西部少部分	全部		东部	西部	
五竹	中北部	中部	南部	北部	中部	南部	中西部	北部中东部	南部	中北部	南部	
清源	西部、北部	中部到东南		全部				中南部	东北部	全部		
路园		全部		全部				中南部	北部	全部		
锹峪	中部	北部中南部	南部	北部	中部	南部		全部	南部	中北部	南部	
莲峰	中部	北部中南部	南部	东北部	中部	南部		中北部	南部	中北部	南部	

气候变化对甘肃农业生态影响及对策建议*

马鹏里　方锋　赵红岩　李晓霞　刘卫平　韩涛　王兴　林婧婧

（2018 年 9 月 27 日）

摘要：为全面贯彻落实《甘肃省人民政府办公厅抄告通知》（甘政办秘四抄〔2018〕25 号）精神，甘肃省气象局围绕甘肃省自然生态环境及气候变化特点，分析研究了气候变化对农业生态的影响，并提出了相关对策建议。

甘肃位于我国大陆的地理中心，特殊的地理位置和复杂的地貌形成了干旱、半干旱、半湿润和湿润等多种气候类型，造就了波澜壮阔的自然风光和储量巨大的风光能资源，同时也孕育了品种多样的优质林果、中草药和马铃薯等特色产业。近几十年来全球持续升温，热量环境的改善推进了作物适宜生长区域向北、向高海拔地区扩展，为甘肃省振兴发展特色农业、提升区域品牌农业影响力带来了良好机遇。甘肃省气象局客观分析了甘肃省气候变化的特征与趋势，提出了气候变化对甘肃农业生态影响的对策建议：一是科学开发和利用气候资源，加快甘肃生态文明建设，划定生态红线，建立多元化补偿机制；二是充分利用光、热、水资源，优化调整土地利用和作物品种格局，调整作物种植制度和农业生产管理方式，实现农业可持续发展；三是强化政府在气象防灾减灾中的主导作用，建立健全气象防灾减灾机制，加强气象综合业务体系建设，提高气象灾害防御能力。

一、甘肃省基本气候特征

甘肃省位于青藏高原、黄土高原和内蒙古高原的交汇地带，同时又是我国唯一包含西风带气候区、东部季风区和青藏高原区三大气候区的省份。境内地形复杂，山脉纵横交错，海拔相差悬殊，高山、盆地、平川、沙漠和戈壁等兼而有之。甘肃省气候类型复杂多样，是气候变化敏感区和生态环境脆弱区。

（一）气候温凉、昼夜温差大、热量资源分布差异大

全省年平均气温 8.1℃，比全国低 1.3℃。分布趋势自东南向西北，由盆地、河谷向高原、高山逐渐递减。河西走廊和陇中北部年平均气温 4～10℃，祁连山、走廊北山和甘南高原 0～7℃，陇东南 7～15℃。年平均气温乌鞘岭最低 0.3℃，文县最高 15.1℃；气温年较差最大34℃，昼夜温差最大 16℃。日平均气温不低于 0℃和 10℃的积温分别在 1400～5540℃·天和380～4739℃·天。大陆性气候特征明显，在山区和高原有明显的垂直层带性分布。

---

* 入选 2018 年全国优秀决策气象服务材料汇编。

(二)气候干燥、降水少变率大、地域差异显著

全省平均年降水量 398.5 毫米,少于全国平均(632 毫米)。分布趋势大致从东南向西北递减,河西走廊西部年降水量在 50 毫米左右、中东部 100～200 毫米,陇中北部 180～300 毫米,陇中南部 300～590 毫米,陇东南和甘南高原 400～750 毫米;降水各季分配不均,夏半年(4—9 月)集中了年降水量的 80%～90%;年际波动大,如兰州最多年的降水量(546.7 毫米)是最少年(168.3 毫米)的 3.2 倍;地域差异显著,如康县最多年降水量达 1162.2 毫米(1961年),而敦煌最少年降水量仅 6.4 毫米(1956 年)。

(三)光照充足、风能丰富、清洁能源多,开发潜力大

全省平均年日照时数为 2500 小时,高于全国平均(2200 小时)。其中,马鬃山最多(3300小时)。太阳能储量大,尤其是河西走廊和甘南高原太阳能更丰富。全省年太阳总辐射达 4700～6350 兆焦耳/平方米,如果利用太阳能丰富区面积 1% 估算,发电量可达 3000 亿千瓦·时,相当于 3 座三峡水电站发电量。全省风能总储量居全国第 3 位,风功率密度大于 300 瓦/平方米的技术可开发量 2.37 亿千瓦,可开发面积 6 万平方千米。

(四)光、温、水匹配基本合理

全省热量分布具有温带季风气候共有的特征,雨热同季,冬季较冷,夏季温热。光、温、水匹配基本合理,在作物生长季内有利于农业气候资源的综合开发利用,但农业技术水平和耕作方式落后,资源的有效利用率比较低。因此,要采取有效的农业技术措施和管理手段,提高气候资源的有效利用率。

(五)干旱缺水,极大制约农业生产和生态环境改善

河西地区处在干旱和极干旱地带,属于灌溉农业区,其农业和绿洲生态系统主要依靠发源于祁连山的石羊河、黑河和疏勒河三大内陆河来维持水量。与 20 世纪 90 年代相比,石羊河、黑河和疏勒河径流量分别增加 21.7%、13.0% 和 46.5%。河东地区处在半干旱半湿润地带,属于旱作雨养农业区,年降水量在 300～550 毫米,农业生产靠天吃饭,产量低而不稳,必须依靠综合有效的农业技术和管理措施发展农业生产。

(六)甘肃省气象灾害种类多

除台风灾害外,我国可能遭受的其他气象灾害甘肃省均有发生,是全国气象灾害种类最多的省份之一,影响大的气象灾害主要有干旱、暴雨洪涝及引发的山洪等地质灾害、沙尘暴、冰雹和霜冻等,其中干旱灾害居首位。甘肃省气象灾害造成的经济损失占自然灾害的比重达88.5%,高出全国平均状况 17.5%;气象灾害损失相当于甘肃省 GDP 的 3%～5%,21 世纪平均为 3%,是全国的 3 倍。从空间分布上来看,河西大风沙尘暴多发、东南部暴雨洪涝、山洪地质灾害多发,中东部冰雹、干旱和山洪滑坡泥石流频繁易发(图 1)。自 20 世纪 80 年代开始,气象灾害造成的损失呈增加趋势,尤其是近 10 年来,甘肃省气象灾害造成的经济损失增加明显。

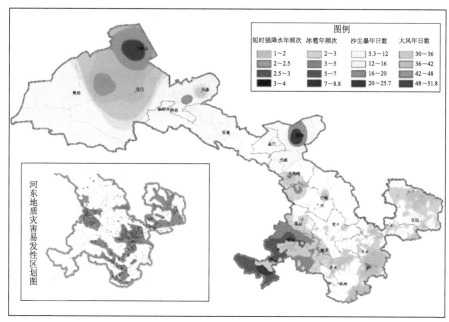

图1 甘肃省高影响天气及其次生灾害分布示意图

二、21世纪以来甘肃省气候变化的新特征

甘肃省年平均气温呈上升趋势,升温幅度高于全国平均水平;年平均降水量总体呈减少趋势,区域变化差异大,河西增多,河东减少;中东部地区气候干旱化趋势明显;强降水和高温天气趋多趋强,大风、沙尘、冰雹日数呈减少趋势。

(一)气温变暖幅度高于全球和全国平均水平

甘肃省年平均气温表现为全省一致的上升趋势,平均每10年升高0.29℃,高于同期全球(0.12℃/10年)和全国(0.23℃/10年);1997年以后升温更为明显。1998—2017年平均气温(8.8℃)较1976—1997年平均值(7.7℃)偏高1.1℃(图2);河西升温高于河东。全省年平均最高和最低气温均呈上升趋势,且平均最高气温上升幅度最大;各季温度增温明显,冬季升温幅度最大。

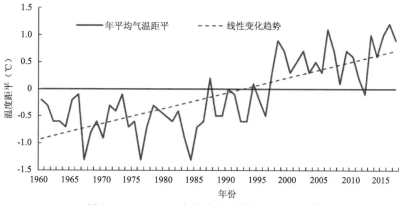

图2 1961—2017年甘肃省平均气温距平变化

(二)年平均降水量总体呈减少趋势,但河西增多,河东减少

甘肃省平均年降水量呈弱减少趋势,但存在明显的年代际波动。20 世纪 70 年代中期至 80 年代降水处于多雨时段,90 年代至 21 世纪初降水明显偏少,2003 年开始降水有增多的趋势。区域平均年降水量变化趋势差异明显,近 40 年,河西平均年降水降水量呈增多趋势,平均每 10 年增加 3.8 毫米;河东平均年降水降水量呈减少趋势,平均每 10 年减少 4.9 毫米。21 世纪初以来河东平均年降水量波动上升,年际波动幅度增大(图 3)。

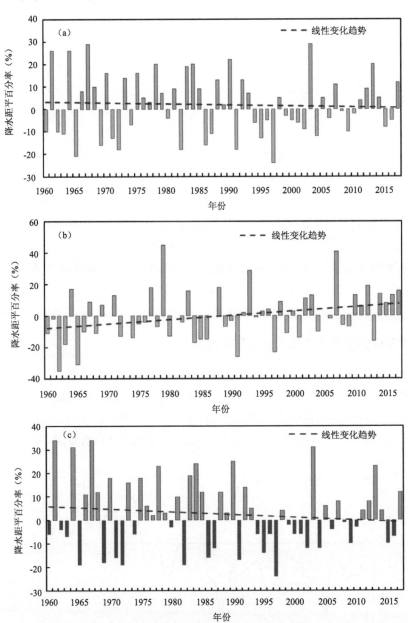

图 3 1961—2017 年甘肃省平均降水距平百分率变化
(a)全省;(b)河西;(c)河东

(三)甘肃中东部地区气候干旱化趋势明显

近 60 年以来,全省春旱发生频率呈明显增加趋势,春旱和伏旱发生范围呈明显扩大趋势。20 世纪 90 年代以来干旱频率高、持续时间长,春旱和伏旱发生频率最高、干旱面积扩大、危害程度加重。与 20 世纪 60 年代相比,21 世纪以来干旱半干旱区总面积增加约 1.5 万平方千米,半湿润区面积增加约 1.0 万平方千米,湿润区面积减少约 2.5 万平方千米,甘肃省中东部地区气候干旱化趋势明显。

(四)极端天气气候事件趋多趋强

近 60 年以来,强降水和高温事件明显增多。与 20 世纪 60 年代相比,近 10 年来全省极端降水事件增加 40%,极端高温事件增加 86%;区域性暴雨次数呈增加趋势,大暴雨范围和强度明显扩大,与 20 世纪 80 年代相比,大暴雨范围增加了 20%。短时强降水强度大、危害重,常诱发山洪、滑坡、泥石流等地质灾害,造成的人员死亡接近全国同期因台风死亡人数。

(五)沙尘暴日数减少

近 60 年来,甘肃沙尘暴日数呈显著减少的趋势。2003 年以来春季区域性沙尘暴日数(平均 7.2 天)持续偏少,2016 年、2017 年和 2018 年春季全省无区域性沙尘暴,为 1961 年以来最少。

三、2018 年气候特点及影响

2018 年 1 月 1 日至 9 月 25 日全省平均气温 11.3℃,较历年同期偏高 1.1℃;平均降水量为 480.0 毫米,较历年同期偏多 36%,为近 60 年最多。全省 68 县(区)已超过年降水总量。河西降水量 173.9 毫米,较历年同期偏多 20%;河东降水量 576.1 毫米,较历年同期偏多 38%,为近 60 年河东最大降水量。

(一)区域性暴雨多,极端性强

主汛期(6—8 月)全省出现 5 次区域性暴雨过程,45 县(区)出现暴雨,为近 60 年最多,分别出现在 6 月 25—26 日、7 月 1—2 日、7 月 10—11 日、8 月 2 日和 8 月 20—22 日。27 县(区)日降水量达到极端事件,累积 33 县(区),为 1961 年以来最多。鼎新、高台、凉州区、岷县、广河、秦安、临潭 7 县(区)突破历史极值。

(二)局地短时强降水致灾严重

7 月中旬至 8 月下旬,甘肃省出现分散性局地短时强降水过程 21 次,区域自动站共监测到暴雨 483 站次,大暴雨 31 站次,最大小时雨强 55.0～82.8 毫米,最大累积雨量 111.8～282.8 毫米,是近 10 年暴雨最多、最强的。如 7 月 18 日和政、东乡有 5 个区域站达大暴雨,和政县梁家寺水库最大降水 166.4 毫米,导致下游东乡县局地暴发山洪。

(三)春季降水偏多,霜冻危害严重

春季甘肃省气温偏高、降水偏多,林果与农作物发育期提前10~15天,遭受低温冻害的风险加大。4月初66县(区)出现寒潮过程,影响范围为2000年以来最大,降温幅度超过10℃,导致花期林果业受害严重,杏、桃、梨、核桃、樱桃等受冻严重。

(四)夏季降水日数多,利于粮食增产和生态植被改善

降水日数河西14~36天,河东30~55天。夏季土壤湿度适宜作物生长,无旱情,气候条件总体对全年粮食生产利大于弊,今年夏粮和秋粮生产形势均好于近5年。祁连山周边、兰州、白银、临夏、定西和甘南大部地区植被长势为2000年以来最好,刘家峡水库面积比历年同期偏多20%以上。降水场次多、湿度大,导致部分地方成熟小麦发芽霉变,马铃薯晚疫病发病期较常年明显偏早、病情发展流行速度快、发生面积大。

四、气候变化对农业和生态的影响

气候变暖使得甘肃农业干旱与病虫害加剧,影响加重,防控难度加大;同时,新的灾害类型出现,对甘肃农业生产构成了严重威胁。但气候变暖也为甘肃农业生产变革提供了机遇,包括热量资源丰富使得一些地区作物产量增加明显,种植范围北移西扩有利于提高作物增产潜力。气候变暖使甘肃省植被指数有增加趋势,祁连山植被整体改善,局部退化,祁连山积雪面积呈轻微减少趋势。

(一)气候变暖加剧了甘肃农业生产的不利影响

干旱化加剧,农业干旱灾害影响增大。1961年以来,甘肃省气候变暖速率达0.29℃/10年,高出全球均值1倍多;年降水量总体呈减少趋势。全省春旱发生频率与强度呈明显增加趋势,春旱与伏旱发生范围呈明显扩大趋势。农业干旱灾害发展具有面积增大和危害程度加剧的趋势,特别是20世纪90年代以来农业干旱均在中旱以上,且以特旱和中旱居多。全省农业干旱受灾、成灾和绝收率(25.2%、14.1%和2.2%)均明显高于全国平均(15.0%、8.1%和1.7%),且均呈增加趋势,增速高于全国平均水平。全省各地都有干旱灾害损失发生,以河东干旱灾害损失较大、范围较广。

农业病虫害加重,防控难度加大。近40年以来,气候变化总体使得甘肃省农业病虫草鼠害的发生面积呈增加趋势,危害加剧。病虫草鼠害、病害、虫害、草害和鼠害的发生面积率分别以0.31/10年、0.20/10年、0.08/10年、0.06/10年、-0.03/10年的速率变化。农区病害、虫害和鼠害的发生面积率主要受温度影响,草害发生面积率主要受降水日数影响。防治后,病虫害导致小麦、玉米和马铃薯的单产平均损失率分别为4.60%、2.61%和5.70%。在不防治病虫害条件下,甘肃省小麦、玉米和马铃薯的平均单产可能损失率最大值分别为34.04%、18.89%和32.78%。

灾害呈现新的特点,影响农业种植结构。甘肃过去以抗旱为主,现在夏秋风雹、强降水和春季低温冻害等灾害增多。1961年以来,风雹、暴雨洪涝和低温冷害的灾害综合损失率均呈增加趋势,增加速率分别为0.29%/10年、0.45%/10年和0.72%/10年。这些新的灾害特征

使得原先适于干旱少雨、高寒阴湿气候的避灾农业面临产业调整。

（二）气候变暖为甘肃农业生产变革提供了机遇

热量资源增加，一些地区作物增产明显。近40年，冬小麦单产在陇中、陇东和陇南地区呈增加趋势，以陇南增产幅度最大，达42.73千克/亩。春小麦单产在陇中、陇东、陇南、河西均呈增加趋势，其中河西增产幅度最大，达47.74千克/亩。玉米在五个地区（陇中、陇东、陇南、河西和甘南）均呈逐年增加趋势，且以河西增产幅度最大，达196.24千克/亩。马铃薯在五个地区也均呈持续增产趋势，以河西增产幅度最大，达144.00千克/亩。

作物种植范围北移西扩，增产潜力剧增。与1951—1980年相比，1981—2017年甘肃省一年两熟制作物可种植范围不同程度地北移，北移最大的地区有陇南、陇东和甘南高原；陇南境内平均北移240千米，东北部地区播种面积增加。冬小麦种植范围不同程度西扩，西扩最大的地区为河西地区和甘南高原；河西地区平均西扩500千米，甘南高原平均西扩420千米。河西地区冬小麦种植北界西扩使界限变化区域的小麦平均增产2.28%，陇中和甘南地区则分别增产52.68%和3.69%。冬小麦、玉米、春小麦、马铃薯等一年一熟种植模式转变为冬小麦—夏玉米一年两熟种植模式的变化可使单产大幅增加，陇南地区增产率分别达153.53%、65.13%、1262.62%和149.69%；陇中地区增产率分别达84.56%、91.27%、76.42%和83.02%。

（三）气候变化对生态环境影响

甘肃省植被指数呈增加趋势。近20年来甘肃省平均植被指数呈逐渐增加趋势，特别是近3年来植被改善幅度明显增大。河东地区除庆阳北部、兰州中北部、定西北部、白银大部以外，其余地区植被长势良好；河西祁连山周边、张掖中部、武威中部地区植被长势良好。

祁连山植被整体改善，局部退化。祁连山植被覆盖呈现东多西少的分布特征，并随着海拔升高呈增加趋势，在3100米处达到最大值，之后随着海拔升高逐渐减小，植被覆盖与祁连山降水的空间分布特征基本一致。自2000年以来植被覆盖区域面积整体缓慢增加，植被增加区域面积占祁连山总面积的26.59%，主要集中在祁连山中西部的高山和亚高山森林草原地区。植被减少区域面积占祁连山总面积的13.06%，主要集中在海拔高度相对较低的祁连山中北部河谷区。2000年以来只有不到1/5的区域发生了显著变化，植被改善区域的比例高于退化区域。

祁连山积雪面积呈轻微减少趋势。21世纪以来祁连山区季节性积雪总面积呈轻微减少趋势，东、中段减少幅度稍大，西段有微弱减少。积雪总面积最大值出现在2008年，为15218.6平方千米，2013年最小为8283.8平方千米。最大积雪面积在11月中旬左右，最小积雪面积在8月份。2018年1—9月祁连山甘肃境内积雪的平均总面积为6958.4平方千米。

五、对策建议

未来50年甘肃省气候变暖的趋势可能持续，降水量增多且分布不均，极端天气气候事件将更加频繁，气象灾害的对甘肃省农业和生态的影响和风险进一步加大。

(一)以生态文明建设为重点,积极应对气候变化

科学开发和利用气候资源,加快甘肃生态文明建设。甘肃生态环境极为脆弱,要充分利用气候资源,通过启动一批有利于恢复和保护生态环境的重大工程项目,加快国家生态安全屏障综合试验区建设,实现可持续发展,促进人与自然和谐、经济社会与资源环境协调发展。

划定生态红线,建立多元化补偿机制。在生态承载力评估基础上,确定区域内水源涵养、生物多样性维护、水土保持、防风固沙等生态功能重要区域,划定生态保护红线,制定生态红线管控级别,明确各级管制要求和措施。通过财政补贴、项目实施、技术补偿、税费改革、人才技术投入等方式,完善生态绩效考核,建立一套可量化生态绩效考核指标体系,作为实行生态补偿的评价依据。

(二)以深挖气候潜力为推手,助力甘肃省乡村振兴

充分利用光、热、水资源,优化调整土地利用和作物品种格局。甘肃光照充足,气温日较差大,可以根据甘肃省各作物的生物学特征及与气象条件的关系进行主要作物的综合区划,充分开发利用光热水资源,合理安排和调整作物种植面积和布局,实现土地资源优化配置。

调整作物种植制度和农区生产管理方式,实现农业可持续发展。根据甘肃农业现实和地形梯度的土地利用分布特征,结合气候变化对甘肃农业影响及气候资源的新特点,制定甘肃省不同区域农业土地利用及优化种植结构调整方案,发展具有气候特色的戈壁农业、设施农业、特色农业、旅游农业,打造马铃薯、制种玉米、特色瓜果、花卉、中药材等农产品优势品牌。

(三)以风险管理的理念做好甘肃省气象防灾减灾工作

强化政府在气象防灾减灾中的主导作用,建立健全气象防灾减灾机制。增强应对极端气候事件的能力,化解经济社会发展和人民生产生活的气候风险。紧扣"测、报、防、抗、救、援"六大环节,构建甘肃气象防灾减灾体系,建立健全"政府主导,部门联动,社会参与"的气象防灾减灾机制,形成政府推动,企业、社团及公众积极参与,媒体和社会监督的公众参与有效机制。

加强气象综合业务体系建设,提高气象防灾减灾能力。优化综合气象观测业务,健全集约化气象预报业务,加强气象灾害预警信息发布及传播,着力构建以信息化为基础的无缝隙、精准化、智慧型的现代气象监测预报预警体系。加强气候变化定位监测和综合影响评估,强化全球气候变暖背景下甘肃极端天气气候事件变化规律的研究,增强应对气候变化与保障生态安全气象服务能力。重点关注易发、频发、突发性气象灾害,健全风险管理业务体系,加强基层气象风险预警服务标准化建设,全面提升灾前预防、综合减灾和减轻灾害风险能力。

致谢:感谢中国气象局兰州干旱气象研究所、兰州中心气象台提供的材料与素材。

冬季初春河东墒情差，防旱抗旱形势依然严峻

万信　梁芸　张平兰

（2007 年 3 月 7 日）

摘要：春耕生产在即，从气象条件分析看，陇东、陇中及陇南部分地区抗旱形势十分严峻，相关地区和有关部门应积极采取措施，加大抗旱工作力度，确保春耕生产顺利进行。

一、河东旱作农业区封冻墒情

2006 年 11 月 8 日，河东旱作农业区封冻墒情较差，0～50 厘米土壤相对湿度是 2003 年以来同期最差的，陇中北部和庆阳市北部有 20～30 厘米的干土层，墒情特差。其后，全省冬季气温异常偏高，陇中大部和天水市冬季降水较常年偏少 20％～90％，作物生长时段延长，农业干旱程度不断加重。

二、初春河东墒情

2007 年 2 月 28 日全省气象部门开展了 2007 年第一次测墒，测墒结果显示，会宁、靖远等地有 10～25 厘米的干土层，陇中大部、天水市西北部、陇南市西南部等地 0～50 厘米土壤相对湿度在 60％以下，其中靖远、会宁、环县及文县在 40％以下。2 月 28 日 0～50 厘米土壤相对湿度是 2004 年以来同期最差的一年。与常年同期相比，临夏州和天水市大部较好，河东其余地方普遍低 5％～20％。

三、近期特点及影响

3 月 2—5 日，甘肃省出现今年首次大范围降雨雪天气，庆阳市大部及高台、灵台、甘谷、康县降水达 10～22 毫米，河东大部地方浅层土壤旱情得到缓解，十分有利于冬小麦的返青和春耕春播工作。但是，由于前期旱情严重的白银、兰州、皋兰、陇西、武都、文县等地此次降水不到 5 毫米，降水量少，旱情仍较重。另外，由于前期土壤水分匮缺严重，此次降水不足以彻底解除旱情，春季升温快、风沙天气多、作物耗水开始加快，稍长时间的少雨天气就可引起旱情再度发展，防抗旱工作不能放松，防旱抗旱形势依然严峻。

未来一月降水少，气温高，甘肃省中部抗旱形势严峻

马鹏里　林纾　王兴　梁芸

（2016 年 3 月 10 日）

摘要：甘肃省即将进入春耕春播关键时期，据最新各地土壤监测分析，河东大部地区土壤墒情较近三年平均值偏低，甘肃省中部出现旱情。预计从目前到 4 月上旬，甘肃省大部基本无有效降水，部分地方持续无有效降水雨日数将可能达 50～60 天，旱情将持续发展，严重影响该地区春耕春播的顺利进行，部分地方将出现人畜饮水困难。

一、前春降水少，旱情重

超强厄尔尼诺事件已进入衰减期，预计甘肃省今年春季降水河西大部偏少，中东部地区春季后期偏多，气温总体偏高；全省春季区域性沙尘暴发生频次比常年偏少，晚霜冻结束时间偏早。

预计从目前到 4 月上旬，甘肃省大部分地方基本无有效降水，尤其是白银市、定西市、临夏州大部分地方、平凉市、庆阳市北部、天水市北部等地，持续无有效降水雨日数将可能达 50～60 天，初春旱情将持续发展，严重影响该地区春耕春播的顺利进行，部分地方将出现人畜饮水困难。4 月中旬前后，甘肃省中东部才有可能出现有效降水，部分地方春季第一场区域性透雨可能出现，持续旱情将有望得到缓解；5 月上旬后期到下旬前期有相对低温多雨时段，有利于农作物生长和生态环境的改善，同时可能造成冬小麦条锈病的发生发展。

二、去年秋季以来气候特点

去年秋季，甘肃省降水分布不均，河西大部、白银市和陇东降水偏多 20％～80％，省内其余地方降水偏少 20％～90％。冬季河西大部、白银市、定西市、兰州市、临夏州北部、庆阳市及天水市降水偏多，省内其余地方降水偏少；全省气温正常，但温度起伏大，阶段性低温明显。2 月下旬以来全省温度偏高 2～4℃，大部分地方降水偏少 80％以上，甘肃省中东部大部地方连续无降水日数已达 20～30 天。

三、目前土壤墒情

去年土壤封冻前，陇中北部及陇东南部分地方墒情较差，土壤封冻时的干旱面积也较历年同期明显偏大。据最新各地土壤测墒显示（图 1），河东大部地区土壤墒情较近三年平均值偏

低,白银市、定西市大部及天水市部分地方偏低10%~24%。0~30厘米土壤相对湿度,甘肃省中部、天水市北部及陇南市南部等地在60%以下,其中白银市大部、定西市和天水市部分地方在40%以下,达重旱。甘肃省春季温度总体偏高,近期降水偏少,造成土壤失墒加快,干旱面积将进一步扩大,局部地区干旱程度加重。

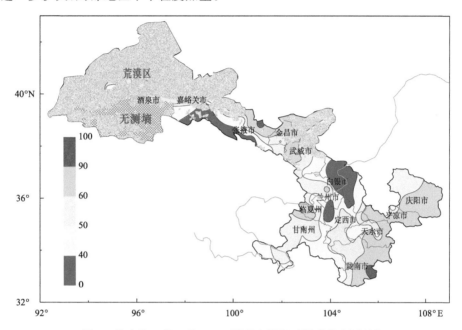

图1 甘肃省3月8日0~30厘米土壤相对湿度分布图(%)

四、气候影响建议

(1)据预测,目前至4月上旬甘肃省大部降水偏少,旱情也将进一步加剧,抗旱形势比较严峻,各地提早做好防旱抗旱及春耕春播工作。

(2)2月中旬以来,甘肃省温度回升快、降水少,注意做好草原森林火灾的预防工作。各级人影部门应充分利用降水天气过程,做好人工增雨(雪)作业。

(3)密切关注后春多雨时段,加强对小麦病虫草害的发生发展动态监测,尤其是加强小麦条锈病的监测和防治工作。

目前河东旱象明显，预计8月上中旬旱情将持续发展

方锋　万信　林婧婧　梁芸　刘卫平　郭俊琴
（2016年8月3日）

摘要：7月全省平均最高气温为近10年最高，7月底8月初，甘肃省58县区出现32℃以上高温天气。目前，定西市、天水市、陇南市、庆阳市等地旱情明显，预计8月上旬甘肃省无明显降水天气过程，干旱范围扩大、程度加重，高温少雨天气对马铃薯、玉米等秋粮将造成一定影响。

一、入夏以来气候概况

6—7月降水量全省平均为128.2毫米，接近常年同期，为近3年最多。河西大部、定西市、天水市西北部和陇南市北部偏少20%～90%，省内其余大部地区接近常年同期（图1）。7月全省平均最高气温为28.5℃，为2007年以来最高；共有30站日最高气温大于35℃，主要分布在河西地区，其中30日敦煌和金塔的日最高气温达43.1℃和40.5℃。

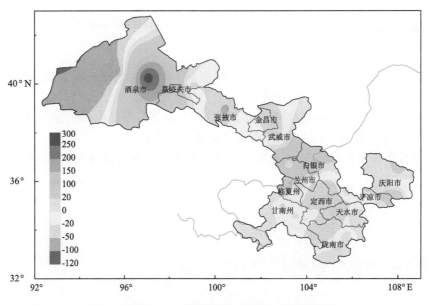

图1　甘肃省6—7月降水距平百分率分布图（%）

二、入夏以来干旱演变及目前旱情

6月初甘肃省墒情较好,6月中旬至7月中旬干旱发展范围扩大,7月中旬略有缓和,7月下旬出现持续高温,旱情再次发展(图2)。

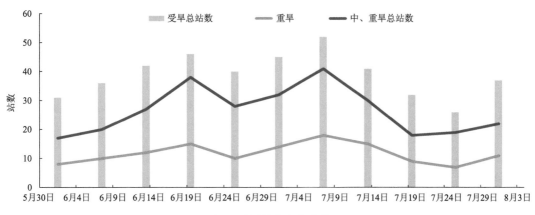

图2 干旱站数变化趋势

最新0～30厘米测墒显示,定西市大部、天水西北部、庆阳市西北部等地在60%以下,其中临洮、渭源、环县、武山等地在40%以下(图3)。与2015年同期相比,定西市、陇南市南部及甘谷等地偏低5%～20%。

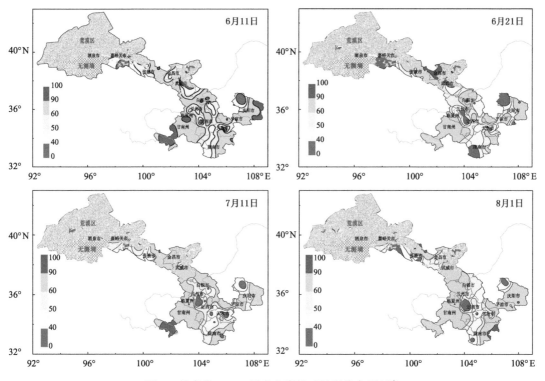

图3 甘肃省0～30厘米土壤相对湿度分布图(%)

三、未来气候与干旱趋势预测

预计，8月初甘肃省无大范围强降水天气过程，但多局地阵雨或雷阵雨等对流性天气；8月9—11日，河东大部有一次降水过程，普遍为小到中雨，局地大雨；8月18—23日，河东大部有一次明显降水天气过程，普遍可达中雨。

根据天气气候预测，8月上中旬定西市大部、天水市西北部、庆阳市西北部等地旱情进一步发展，将出现程度不同的伏旱，其他地方无明显伏旱但有少雨时段。定西市等地伏旱对马铃薯块茎膨大、玉米灌浆有一定影响。

四、农业生产建议

（1）旱区做好防旱抗旱工作，注意利用有利天气形势，积极开展人工增雨作业。

（2）做好马铃薯块茎膨大期、玉米开花灌浆期的高温干旱危害预防。

（3）汛期对流性天气较多，在防旱抗旱的同时，注意做好冰雹等局地性突发气象灾害的防御工作。

近期降水使河东大部分地方旱情有效缓解

马鹏里 王兴 王小巍 梁芸 林纾

（2016 年 8 月 26 日）

一、前期连续无降水日数多，高温持续时间长，伏旱严重

7 月下旬以来，河东降水量仅为 21.6 毫米（部分县偏少 80％以上），为有记录以来最少；部分县市连续无降水日数为 20～27 天。7 月 26 日至 8 月 22 日甘肃省高温范围广、强度大、持续时间长，为近年来少见；河东平均气温为 23.3℃（偏高 3.6℃），平均最高气温高达 30.2℃（偏高 4.2℃），均为有记录以来最高。

受前期高温少雨影响，甘肃省中东部地表蒸散迅速增加，土壤失墒加快，伏期干旱严重，至 8 月 21 日受旱面积最大，受旱站数达 47 站，中重旱站数为 31 站。玉米、马铃薯、胡麻等农作物因水分供应不足叶片卷曲萎蔫，甚至枯黄干死，严重影响灌浆成熟和块茎膨大，部分林果果实发育受阻，产量和品质受到影响。

二、近期降水有效改善了河东大部土壤墒情，旱情得到缓解

8 月 21—25 日是入汛以来甘肃省范围最大的一次降水过程，降水量分布不均，局地性较强。其中临夏市、定西市东部、平凉市大部、天水市西部、甘南州西部等地 70～171 毫米，河西中东部、陇南市大部、庆阳市北部等地在 20 毫米以下，其他大部分地方为 20～70 毫米。

本次降水过程有效改善了河东大部土壤墒情，受旱站数减少 15 站，中重旱站数减少 8 站，受旱面积明显缩小。最新土壤测墒显示，与 21 日相比（图 1 和表 1），定西市大部、白银市大部、平凉市大部及天水市西北部、陇南市南部和甘南州东部等地土壤墒情提高了 20％～50％，旱

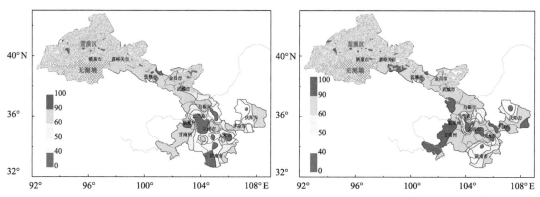

图 1　降水过程前后（左图为 8 月 21 日、右图为 8 月 25 日）甘肃省土壤墒情对比分布图（％）

情解除或缓和；定西市西北部、白银市南部、天水市中部、陇南市北部，庆阳市北部局地仍有轻到重旱。

8月底，全省各地有一次明显的降水过程，局部地方有中到大雨，旱区旱情将进一步得到缓解；预计9月甘肃省武威以东地区降水偏多，其中临夏、甘南、定西南部、陇南、天水偏多30％左右，省内其余地方偏少10％～20％；9月平均气温全省大部略偏高。

表1 8月25日甘肃省0～30厘米土壤相对湿度（%）

酒泉市	酒泉	87	酒泉南	100	敦煌	100
	敦煌东	47	瓜州	99	金塔	100
张掖市	张掖	50	甘州南	93	高台	99
	临泽	45	民乐	23	民乐南	75
	山丹	100				
武威市	武威	79	武威南	41	民勤	43
	民勤北	42	古浪	83	天祝	93
兰州市	永登	88	永登西	93	皋兰	57
	榆中	83	榆中西	35		
白银市	白银	93	景泰	76	靖远	74
	靖远南	50	会宁	43		
定西市	定西	96	安定西	50	安定南	40
	临洮	45	通渭	100	通渭北	87
	陇西	100	岷县	91	岷县北	83
临夏州	临夏	100	临夏北	88	永靖	63
	广河	73	和政	100		
庆阳市	西峰	55	西峰东	52	环县	32
	环县北	38	华池	73	镇原	61
	合水	79	宁县	91		
平凉市	平凉	90	静宁	93	庄浪	91
	灵台	83	泾川	82	华亭	78
	崇信	97				
天水市	天水	58	甘谷	94	武山	77
	麦积	20	秦州	70	秦安	34
	张家川	95				
陇南市	文县	49	文县南	48	礼县	41
	礼县南	36	成县	57	成县西	48
	康县	70	徽县	61	两当	56
	宕昌	59				
甘南州	合作	100	玛曲	97	临潭	73
	舟曲	43				

注：重旱＜40；40≤中旱＜50；50≤轻旱＜60；60≤无旱。

三、气候对策建议

（1）近期降水增加了土壤墒情，缓和了旱情的发展，对大秋作物的后期生长十分有利，建议继续做好田间管理工作。

（2）后期降水偏多，各地需加强马铃薯晚疫病等病虫害的监测预防。

（3）秋收秋播即将开始，建议各地关注天气变化提前做好准备工作。

甘肃省东部出现大范围雨雪天气，前期旱情基本解除

方锋　王兴　王有恒　万信　刘新伟
(2017年3月14日)

摘要：3月10—14日甘肃省乌鞘岭以东出现今年以来最强降水过程，降水量超历年3月平均降水量，部分地方降水量破历史同期记录，河东透雨偏早50天左右。降水基本解除了河东大部分地方的前期旱情，降低了森林草原火险等级，对冬小麦和牧草的返青生长及春耕春播非常有利。

一、近期降水为历史3月最强，河东透雨异常偏早

3月10—14日甘肃省乌鞘岭以东出现明显雨（雪）天气，平均降水量20.2毫米，为历史同期最多，超过历年3月平均降水量(15.6毫米)（图1），河东第一场透雨偏早50天左右（常年出现在5月上旬）。

本次过程河东大部降水量普遍为5～25毫米，其中定西市、平凉市、天水市和陇南市达25～44毫米；河东有30％县（区）累计降水量超过25毫米，其中华亭(43.5毫米)、甘谷(40毫米)、麦积(38.2毫米)等13县超过30毫米；60％县（区）创历史同期降水记录，8县（区）日降水量破3月历史记录；河东大部分地方积雪深度在10厘米以上，其中定西市、临夏市、平凉市和甘南州部分地方达20厘米左右，华亭、和政和渭源等地积雪深度破3月历史记录。

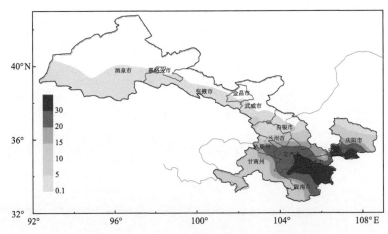

图1　甘肃省3月10—14日降水量分布图（毫米）

二、河东大部分地方土壤墒情明显增加,前期旱情得到有效缓解

去年伏秋连旱,封冻前土壤墒情较差。2016 年 11 月封冻土壤墒情显示,河西中部、定西市西北部、陇南市南部等地 0~30 厘米土壤相对湿度在 40% 以下,达到重旱;冬季河东中部地区降水持续偏少 10%~50%,至 3 月上旬,河东土壤相对湿度较近 4 年平均偏低 10%~20%,为近 4 年同期最差。

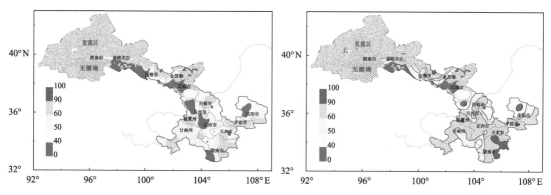

图 2　甘肃省 3 月上旬土壤墒情(左)与 3 月 14 日土壤墒情(右)分布图

10—14 日大范围雨雪天气显著改善甘肃省东部土壤墒情,对春耕春播的开展十分有利(表 1)。14 日土壤水分监测显示(图 2 和表 2):河东大部土壤墒情增加 10%~30%,定西市、天水市、陇南市、平凉市、临夏州和甘南州大部旱情基本解除,白银市北部、兰州市西部、庆阳市北部仍有不同程度的干旱。

三、影响分析

(1)近期降水使得前期严重旱情明显缓解、森林草原火险等级降低,同时也造成局部地方设施农业受损、局部地方播种推迟。

(2)甘肃省春耕春播即将大面积展开,要抓住这次降水的有利时机,及时播种、做好冬麦耧播化肥工作,对已播种地块要及时耙磨,确保顺利出苗。

(3)这次强降水改善了大气环境质量,有效改善了土壤墒情,为冬小麦、牧草的返青生长和春耕春播提供了充沛的水分条件,对春季植树造林和生态环境建设极为有利。

(4)去年冬季温暖,易于病虫害越冬,目前陇南小麦条锈病已出现,要做好监测预防。

表 1　2017 年 3 月 10 日 08 时至 3 月 14 日 08 时降水实况（毫米）

酒泉市	马鬃山	0	敦煌	0	瓜州	0
	玉门	0	鼎新	0	金塔	0
	肃北	0	酒泉	0		
张掖市	高台	0	临泽	0	肃南	0.2
	张掖	0	民乐	0.7	山丹	0
武威市	武威	0	民勤	0	古浪	0
	乌鞘岭	8.1				
兰州市	兰州	10.2	榆中	17.0	皋兰	3.1
	永登	4.7				
白银市	白银	2.9	会宁	18.9	景泰	0.1
	靖远	0.4				
定西市	定西	20.7	临洮	19.6	渭源	29.5
	通渭	22.4	漳县	22.6	陇西	31.0
	岷县	23.9	华家岭	29.3		
临夏州	临夏	20.8	永靖	2.7	东乡	23.3
	广河	24.9	和政	21.5	康乐	20.7
庆阳市	西峰	23.0	环县	3.4	华池	3.6
	庆城	9.1	镇原	19.0	合水	15.5
	正宁	12.7	宁县	22.8		
平凉市	平凉	36.9	静宁	19.1	庄浪	14.0
	灵台	36.0	泾川	34.4	华亭	43.5
	崇信	27.0				
天水市	天水	33.1	甘谷	40.0	秦安	24.4
	武山	34.5	清水	23.9	张家川	12.7
	麦积	38.2				
陇南市	武都	11.6	文县	8.2	礼县	33.0
	西和	27.2	成县	32.6	康县	26.1
	徽县	34.9	两当	34.1	宕昌	24.3
甘南州	合作	10.2	夏河	7.4	碌曲	6.8
	玛曲	8.5	临潭	10.7	卓尼	14.1
	迭部	9.0	舟曲	5.3		

表 2　2017 年 3 月 14 日 0～30 厘米土壤相对湿度(%)

酒泉市	酒泉	46	酒泉南	31	敦煌	80
	敦煌东	32	瓜州	64	金塔	98
张掖市	张掖	37	甘州南	48	高台	56
	民乐	73	民乐南	39	山丹	99
武威市	武威	9	武威南	27	民勤	30
	古浪	48	天祝	48		
兰州市	永登	29	永登西	43	榆中	82
	榆中西	33	皋兰	66		
白银市	白银	64	会宁	45	景泰	48
	靖远	73	靖远南	31		
定西市	定西	68	安定西	40	安定南	43
	临洮	29	通渭	60	通渭北	53
	陇西	73	岷县	71	岷县北	69
临夏州	临夏	98	临夏北	70	永靖	34
	广河	67	和政	87		
庆阳市	西峰	68	西峰东	73	环县	30
	环县北	44	华池	57	镇原	47
	宁县	92				
平凉市	平凉	64	静宁	71	庄浪	79
	灵台	62	泾川	93	华亭	65
	崇信	93				
天水市	天水	73	甘谷	87	武山	43
	麦积	49	秦州	99	秦安	36
	张家川	66				
陇南市	文县	53	文县南	22	礼县	92
	礼县南	83	成县	81	成县西	88
	康县	99	徽县	93	两当	99
	宕昌	38				
甘南州	合作	57	玛曲	74	临潭	58
	舟曲	48				

注:重旱<40;40≤中旱<50;50≤轻旱<60;60≤无旱。

近期降水与降温对农业的影响

马鹏里　方锋　万信　赵红岩　王有恒　林婧婧
(2016 年 4 月 18 日)

摘要:4 月 14—17 日,甘肃省出现大范围降水及霜冻、大风沙尘天气。河东大部迎来今春首场透雨,大部地区气温明显下降。17—18 日清晨河东大部出现霜冻。15—16 日河西五市及兰州、临夏、甘南和陇南部分地方出现大风天气,其中酒泉市鼎新、武威市民勤等地出现沙尘暴。此次天气过程降水时间长,有效缓解河东旱情,霜冻对花期果树造成了一定的危害,综合分析,此次过程利大于弊。甘肃省气象灾害防御指挥部及时组织开展了人工增雨(雪)和防霜冻工作。

一、天气概况

4 月 14—17 日,甘肃省各地出现明显降水天气过程,其中河东大部出现 10 毫米以上降水,过程雨量 10～30 毫米,陇南市南部在 30～50 毫米(图 1)。河东大部迎来今春首场透雨,大部地区出现在 4 月 15 日,较常年偏早 20 天,出现时间接近 2014 年同期。针对此次透雨过程,西北区域气候中心在 2016 年年度短期气候预测中准确预测。

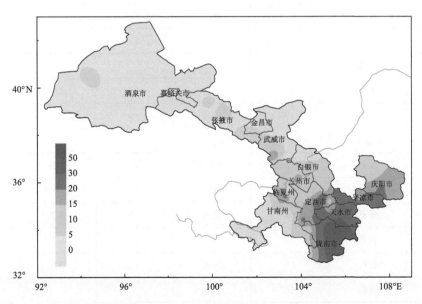

图 1　甘肃省 4 月 14—17 日降水量分布图(毫米)

4月14—17日,甘肃省多地先后遭大风、沙尘、雨雪、霜冻、冰雹等多种气象灾害,同一时段出现多种灾害叠加,为近年来少见。15—16日甘肃省酒泉、张掖、武威、甘南等市州及高海拔地区出现雨夹雪天气过程,伴随降雨降雪天气,全省气温明显下降。14—18日河西大部、临夏州、兰州市、定西市、白银市和平凉市西部及庆阳市北部有50站出现霜冻,占总站数的61%,累计120站次,较常年同期偏多11站次,与近10年同期相比,位居第三位,仅次于2010年和2013年;16日张掖、兰州出现冰雹天气;14—16日河西大部、兰州市、临夏州和甘南州出现大风沙尘天气,全省共出现大风15站次,较长年同期偏多4站次,位居近10年第二位,仅次于2007年,其中16日民勤出现沙尘暴。

二、对农业的影响

2016年4月14—17日,甘肃省出现了大范围的降水天气过程,河东旱情普遍得以缓解,0~30厘米土壤相对湿度普遍达到了60%以上,对冬小麦拔节孕穗、春小麦苗期生长、玉米和马铃薯等大秋作物播种出苗特别有利。另外,16日夜间至17日凌晨,河西及兰州、临夏等地出现了大风和霜冻天气,对设施农业及花期果树造成一定影响,局部地方也出现了雨雪灾害但程度相对较轻。

三、农业生产建议

(1)由于去年伏秋降水少,定西市、天水市等地目前墒情仍差于去年同期,0~30厘米土壤相对湿度低5%~20%,防旱抗旱不能放松。

(2)目前,小麦条锈病在陇南市已有发生,近期降水极易于其蔓延流行,提请做好监测防治。

(3)充分利用近期墒情较好的有利时机,抓紧做好大秋作物播种工作。

(4)果树花期受冻后,在花托未受害的情况下,喷赤霉素,可以促进单性结实,也可实行人工辅助授粉,促进坐果;喷施0.3%硼砂加1%蔗糖液,提高坐果率。加强土肥水综合管理,增施磷肥、钾肥,也可喷施0.3%的磷酸二氢钾,促进果树发育,挽回损失。

(5)18日凌晨,河东出现较大范围的霜冻天气,将会对花期果树造成危害。

19—22 日甘肃省又将出现强降温降水天气，
请相关部门注意防范低温冻害

万信　贾建英　梁芸　申恩青
（2010 年 4 月 16 日）

　　摘要：继 12—15 日甘肃省出现大范围雨雪、低温冻害，农作物、林果和设施农业遭受严重冻害之后，预计 19—22 日，甘肃省又将出现强降温、霜冻并伴有降水天气，全省大部分地方气温下降 8～10℃并将出现霜冻。另外，全省各地将出现雨雪天气，其中定西、陇南、天水、平凉、庆阳等市有小到中雨。当前正值林果、冬小麦生长发育期，提请相关部门做好防范工作。

一、天气预报

　　19—20 日，河西五市多云转阴，部分地方有小雨（雪），有 5～6 级西北风；定西、陇南、天水、平凉、庆阳等市阴有小到中雨；省内其余各地阴有小雨或雨夹雪。21 日，陇南、天水、平凉等市阴有小雨或雨夹雪转多云；河西五市多云转晴，祁连山区东部阴有小雪；省内其余各地阴转多云，局部地方有小雨（雪）。22 日，全省各地晴或多云，河西五市有 4～5 级西北风。19—21 日，全省大部分地方气温下降 8～10℃。20—22 日，河西五市及白银、兰州、定西、临夏、天水、平凉、庆阳等市大部分地方将先后出现霜冻。

二、对策建议

　　积极做好大棚蔬菜防风保暖工作；4 月是各种果树开花的时期，请相关部门采取措施进行果树防冻，有效减轻灾害；牧区加强牲畜的防寒保暖工作；城市居民注意收听当地天气预报，及时添加衣物，防寒保暖；这次过程降水明显，在防冻的同时做好人影作业和春耕生产安排。

三、4 月 12—14 日低温雨雪天气对甘肃省农业影响调查报告

　　4 月 12—14 日，甘肃省出现了入春以来的首次强降温降雪天气过程，过程降温幅度达 8～10℃，最低气温河西下降至 −10～−5℃，河东下降至 −3℃左右。据不完全调查结果，低温雨雪天气造成正值开花期的梨树、杏树、桃树、油菜及温室蔬菜遭受不同程度的冻害，拔节期冬小麦、已播春小麦、棉花等作物受害较轻，河西已播作物出现地块板结、种子霉烂等现象。

(一)降温、降水实况

4月9—10日,河西五市普降中雪。11—12日,河西五市普降小雪,局部地方出现中雪,陇南、天水、平凉、庆阳等市大部分地方出现了小雨或雨夹雪;兰州、白银、临夏局部地方出现了微量降雪。13—14日全省各地普降小雨或雨夹雪,其中平凉、庆阳两市部分地方降水量超过10毫米。4月12—14日,全省降温幅度达8～10℃,最低气温下降至0℃以下,其中河西在−10～−5℃,山区在−18～−10℃;河东在−3℃左右(表1)。

表1　4月12—14日各市州(县)最低气温(℃)

地区	4月12日	4月13日	4月14日	3日内最低气温	地区	4月12日	4月13日	4月14日	3日内最低气温
马鬃山	−10.3	−17.7	−9.4	−17.7	兰州	7.2	−1.2	0.0	−1.2
敦煌	−0.6	−5.9	−0.6	−5.9	靖远	6.7	−2.5	−3.2	−3.2
安西	−3.0	−8.6	−1.0	−8.6	临夏	3.5	−3.3	−3.3	−3.3
玉门镇	−6.5	−10.8	−6.5	−10.8	临洮	4.8	−1.8	−2.8	−2.8
鼎新	−4.4	−10.0	−5.9	−10.0	华家岭	−1.4	−10.3	−7.9	−10.3
金塔	−3.9	−7.6	−5.2	−7.6	环县	6.8	−2.0	−5.4	−5.4
酒泉	−4.9	−8.4	−6.0	−8.4	平凉	6.8	−1.5	−3.0	−3.0
张掖	−1.5	−8.0	−3.7	−8.0	西峰镇	4.5	−2.3	−2.9	−2.9
永昌	−2.0	−10.1	−6.5	−10.1	合作	−1.4	−1.8	−6.6	−6.6
民勤	0.0	−4.5	−6.5	−4.5	岷县	0.9	−0.9	−2.8	−2.8
乌鞘岭	−7.7	−15.4	−11.5	−15.4	武都	13.6	9.2	7.5	7.5

(二)灾情调查

(1)经济林木。酒泉:敦煌市杏树受冻面积6150亩,减收70%～80%;葡萄受冻2.4万亩;林业灾害损失共计7212万元。白银:景泰2万亩果树花苞受冻;靖远果业受灾面积1.9万亩,其中成灾面积0.67万亩。临夏州:果树啤特果、李子树、杏树正值发芽和开花期,花蕾有些萎垂,芽尖有冻伤现象,高枝受害较为严重,受害症状总体为轻度受害,其中永靖县经济林受灾40380棵。庆阳:果树不同程度地出现冻害,尤其是杏、桃的花粉冻害严重,苹果受害较轻。平凉:寒潮霜冻天气对起身和拔节期的冬小麦和蔬菜生长及果树开花授粉及设施农业产生不利影响,尤其是对梨树、杏树、桃树和温棚蔬菜影响较大,核桃受灾面积2.11万亩。天水:全市正处发芽、开花期及幼果期的林果(樱桃、梨、桃、核桃、花椒、杏)、冬油菜、设施农业、蔬菜生长都受到不同程度的冻害。据14日调查发现:梨、油菜、桃花花朵因受冻发蔫,樱桃幼果脱落现象严重,特别是海拔较高半山区及山区受灾尤重,减产幅度较大。

(2)设施农业。酒泉:肃州区温棚培育幼苗受灾,数据正在汇总中。瓜州县:造成81座日光温室蔬菜不同程度受冻。敦煌:温室大棚受灾382座,损失共计179万元。玉门:造成81座日光温室蔬菜不同程度受冻,直接经济11万元。张掖:甘州区遭受冰雪低温冷冻灾害的侵袭,造成塑料大棚被毁、反季节蔬菜受损。平凉:蔬菜大棚损坏264个,蔬菜拱棚受灾0.47万亩,成灾 0.14 万亩。

(3)花卉。临夏:迎春花、探春花正值开花期,花朵受冻下垂,较高树枝有蔫危现象,受害症状为轻。

(4)其他作物。酒泉:造成瓜州 10005 公顷已播农作物板结,其中受影响最大的是大麦、小麦和孜然等夏播作物;玉门镇小麦、大麦、茴香、孜然、干草等农作物受灾,成灾面积 7668 公顷,棉花烂种、板结等灾害损失 419 万元;肃州区已播小麦、孜然等作物受灾。张掖:农作物受灾面积 6000 公顷,其中成灾面积 3400 公顷,绝收面积 2600 公顷。白银:会宁春小麦 0.51 万亩遭受冻害,豆类(豌豆、扁豆)5.6 万亩遭受冻害,10.1 万亩胡麻遭受冻害;景泰农作物受灾面积 6.6 万亩(其中 2 万亩果树花苞受冻),成灾面积 4.58 万亩,绝收面积 1.59 万亩。靖远:农作物受灾面积 1.2588 万亩,其中农作物成灾 0.8 万亩,绝收 0.2 万亩。临夏:永靖县农作物受灾 786.6 公顷。庆阳:各地油菜普遍出现冻害,对今年的产量影响较大;冬小麦目前还未大面积拔节,受冻轻。平凉:农作物受害面积 45.44 万亩,其中冬小麦 33.85 万亩,油菜 4.5 万亩,胡麻受害面积 4.15 万亩,蔬菜受害面积 1.74 万亩,豆类 1.2 万亩,大麻受灾面积 0.02 万亩。

(三)未来天气预测

15—18 日全省各地晴或多云;18 日夜间到 20 日,全省各地多云转阴有小雨(雪),其中,定西、陇南、天水、平凉、庆阳等市局部地方有中雨。伴随降水过程气温明显下降。

(四)对策措施

果树花期受冻后,在花托未受害的情况下,喷赤霉素,可以促进单性结实,弥补一定产量损失,也可实行人工辅助授粉,促进坐果,喷施 0.3% 硼砂加 1% 蔗糖液,全面提高坐果率。加强土肥水综合管理,增施磷肥、钾肥,也可喷施 0.3% 的磷酸二氢钾,促进果树发育,挽回损失。设施农业及时清理棚膜上的积雪,注意补光、增温、除尘清膜。受冻苗势较弱的冬小麦,应喷施微肥,促苗情转化;受冻后的蔬菜幼苗,应进行清除受冻残体,注意已移栽的菜苗灰霉病、早疫病的发生与防治,要及时喷施农药。预计 4 月中旬末有一次冷空气过境,下旬气温回升,建议河西西部适当推迟玉米、棉花播种以及洋葱、制种蔬菜幼苗移栽,各地提前做好预防低温、晚霜冻灾害的准备。

平凉杏树受冻较重　　　　　平凉桃树受冻较重　　　　　平凉梨树受冻较重

蔬菜温棚损毁严重

被损毁的温棚蔬菜受冻严重　　　　　　　大田蔬菜受冻严重

图1　4月12—14日甘肃省作物遭受低温冻害

小麦条锈病情陇南较重,陇东有爆发的可能

万信　杨苏华

（2007年4月2日）

摘要：目前陇南条锈病偏重发生,陇东属中等程度发生,截至3月30日全省发病面积已达约150多万亩。预计:4月中旬陇南条锈病发展趋势将加快,4月下旬至5月上旬陇东条锈病可能会爆发,冬麦区条锈病可能中度偏重发生。由于去年秋季以来旺长的麦苗抗逆性差,提请注意做好监测预防工作。

一、春季小麦条锈病现病早,发病范围大

去年秋天陇南小麦条锈病发生较重,冬季气温异常偏高利于病菌越冬。特别是2007年2月甘肃省气温比常年高3～5℃,2月下旬更是偏高5～7℃;另外,3月上中旬冬麦区降水量比常年多1～3倍。秋苗病重、冬温偏高是目前发病的主要原因,2月气温高、3月初降水多是现病早、范围大的诱发因素。

陇南市:小麦条锈病发生面积58.6万亩,涉及全市范围。"两江"流域川坝河谷地病田率71％,徽成盆地平均病田率42.6％,西汉水流域平均病田率16.3％。

天水市:发病面积约56.6万亩,平均病田率26.5％,发生程度略重于大流行年份2005年同期。发病范围广,涉及南北川区、半山区。

庆阳市:发生面积约20万亩,属中等发生年份,主要分布在中南部向阳山地,中南部原区有零星出现。前期气候特征与条锈病大流行年份的2002年、2001年、1990年、1985年基本相似。

平凉市:发生面积8.5万亩,主要在灵台县百里乡、泾川县罗汉洞乡和崆峒区花所乡。

定西市:发生面积大约5万亩,有明显的发病中心,阳坡地有发病带,主要在陇西和漳县。

二、小麦条锈病发生发展趋势预测

(1)4月中旬陇南小麦条锈病发展趋势将加快。陇南目前小麦条锈病已较重发生,预计4月上旬末和中旬后期有明显降水天气过程,再加上气温的逐渐升高,4月中旬陇南小麦条锈病发展趋势将加快。

(2)4月下旬至5月上旬陇东小麦条锈病可能会爆发式流行。目前,在陇东的部分地方小麦条锈病已有发生,但限于温度条件尚未大发展,随着气温的不断升高和4月中旬后期的降水条件,再加上陇南外来菌的入侵,4月下旬—5月上旬陇东小麦条锈病可能会爆发。

(3)气象条件利于冬麦区小麦条锈病中度偏重发生。目前,陇南小麦条锈病已中度偏重发

生,陇东和定西市冬麦区中度发生。预计 4 月降水偏多、气温略偏高,4 月上旬末和中旬后期会有明显的降水天气过程,甘肃省冬麦区小麦条锈病可能中度偏重发生。

三、农业气象建议

(1)使用"粉锈宁"药剂喷施,注意短期天气预报,以免雨水冲刷影响药效。"粉锈宁"另有兼治白粉病的作用,建议采用。

(2)旺长麦田更要注意氮、磷、钾肥的合理使用比例和使用时间,采取各种农业措施控制长势,增强植株抗锈能力。

武都区东江镇东江水村3月30日小麦条锈病　　　　秦州区皂角镇徐家店西坡梁二阴地

图 1　甘肃省河东发生小麦条锈病

6月下旬以来降水特多,谨防马铃薯晚疫病重发危害

万信　王小巍　方锋　刘卫平　杨苏华　朱飙

(2018年7月12日)

摘要:自播种以来,马铃薯生长气象条件适宜,生长旺盛。特别是6月下旬以来,河东降水为近60年最多,空气湿度大;目前河东大部土壤相对湿度在90%以上,属过湿。温湿条件极易引起马铃薯晚疫病发生发展流行。预计7月中旬至8月上旬,河东大部降水偏多、气温偏高,晚疫病发生发展气象等级仍然较高。提请注意监测防治。

一、前期气象条件分析

2017年伏秋全省降水较多,冬季河东大部降水接近常年,2018年初春土壤墒情良好,温湿条件适宜,马铃薯播种顺利。4月下旬至6月中旬,河东大部地方降水偏多、气温偏高,降水场次比较均匀,适宜马铃薯生长发育。目前,马铃薯大部处于开花期,长势较好。

6月下旬以来,河东有52县区出现连阴雨天气,连阴雨日数为5～10天,河东降水量平均为163.2毫米,达1961年以来同期最多,其中庆阳、平凉、天水、陇南和定西5市及榆中、会宁等地较常年偏多1～3倍,秦安、甘谷、武山、崆峒、华池等地偏多4倍左右。降水多,空气湿度大,加之马铃薯地上茎叶生长旺盛,叶片密闭地面,通风相对较差,气象条件极易引发马铃薯晚疫病发生发展流行。

二、未来天气及晚疫病发展趋势预测

据陇南市农技中心资料显示,马铃薯晚疫病发病、显病均较前三年偏早一周左右,发病面积已达34万亩,程度较重。

预计,7月中旬至8月上旬,降水量与常年同期相比,除河西西部略偏少外,甘南州东部、陇南市、天水市、平凉市、庆阳市南部偏多20%～30%,省内其余地方略偏多,主要有7月15—16日、20—21日和8月3—4日3次降水天气过程;河西五市、白银市、庆阳市北部平均气温偏高0～1℃,省内其余地方略偏高。

根据前期气象条件分析,未来天气趋势预测和马铃薯晚疫病气象预报模型计算,预计马铃薯晚疫病发生发展气象等级较高。

三、生产建议

(1)近期是马铃薯晚疫病监测预防的关键时段,建议提早做好田间地头巡查工作,发现病株及时清理,以防感染。

(2)各地根据实际情况,在可能出现中心病株的区域,关注当地天气预报信息,提前预防。

(3)雨后天气放晴,及时喷洒农药预防。疫病发生前用80%代森锰锌可湿性粉剂进行预防,发生时用甲霜灵锰锌、克露、抑快净、银发利、安克锰锌、氟啶胺等农药进行交替喷雾防治,每隔7~10天喷药一次,连续喷药2~3次。

2015年甘肃省春汛期气候趋势预测春耕春播气象服务

林纾　万信　申恩青　王有恒　郭俊琴　杨苏华　成青燕　冯岚
（2015年4月19日）

摘要：初春甘肃中部偏北地方、天水市西北部、陇南市大部有旱情。3月中旬以来，全省降水次数增多，河东墒情总体逐步好转，陇东南出现第一场透雨，较常年偏早。预计5月甘南州、陇南市、天水市、平凉市、庆阳市大部降水较常年同期略偏多，省内其余地方降水偏少10%～20%。针对即将开始的汛期气象服务，建议加强组织领导、部门合作，加强监测预警、信息发布、人影作业。

一、前期气候概况及春汛期气候预测

（一）前期气候概况

（1）今年以来气候概况

今年1—3月，全省平均气温与常年同期相比偏高1.7℃，为近5年来次高年（2013年最高，偏高2.2℃），比去年偏高0.6℃。全省降水量为21.2毫米，为近5年来次多年（2012年最多，24.5毫米），比去年偏多20%；与常年同期相比，定西、天水、平凉西部、庆阳和陇南南部偏多20%～70%，河西、兰州、白银、陇南北部及甘南偏少20%以上（图1）。3月31日出现第一场区域性沙尘暴。

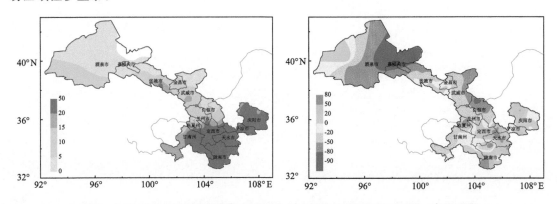

图1　2015年1—3月甘肃省降水量（左，mm）和降水距平百分率（右，%）分布图

4月以来，降水强度增大，雨日增多，3月31日至4月1日陇东南出现第一场透雨，较常年偏早40天，较2014年偏早15天，4月17—18日全省出现大范围降雨过程，陇东南出现透雨。截至4月18日除酒泉北部、定西北部、临夏北部外，全省大部降水比常年同期明显偏多，

张掖、武威北部、金昌、临夏南部、定西南部、平凉、庆阳、天水、陇南偏多 1～3 倍,其中张掖东部、庆阳西南部、天水西部偏多 3～8 倍。平均气温除武威北部、庆阳较常年同期偏低外,省内其余地区温度偏高 1℃左右(图 2)。

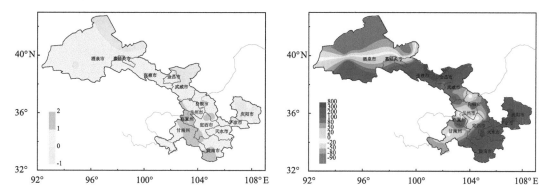

图 2　2015 年 4 月 1—15 日甘肃省温度距平(左,℃)和降水距平百分率(右,%)分布图

(2)初春以来干旱监测

根据土壤墒情和卫星遥感监测,初春甘肃中部偏北地方(兰州、白银、临夏州中北部)、天水市西北部、陇南市大部有旱情。由于 3 月中旬以来,全省降水次数增多,河东墒情总体逐步好转,目前干旱主要分布在甘肃省中部老旱区(兰州、白银、临夏州中北部)(图 3 和图 4)。3 月中旬后期以来河东土壤墒情较好,4 月 16 日冬麦区大部土壤相对湿度较前期提高了 2%～15%,局部地方出现土壤过湿现象,总体墒情水平是 2010 年以来最好的一年,对冬小麦拔节孕穗、大秋作物播种出苗、果树开花坐果、牧草返青特别有利。

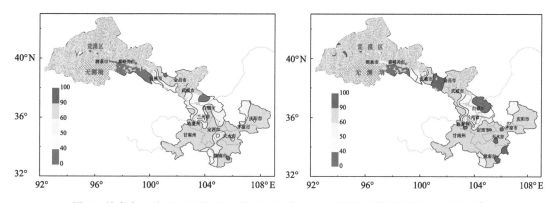

图 3　甘肃省 3 月 30 日(左)和 4 月 16 日(右)0～30 厘米土壤相对湿度分布图(%)

(二)春汛期气候预测

据预测:5 月,甘南州、陇南市、天水市、平凉市、庆阳市大部降水较常年同期略偏多,省内其余地方降水偏少 10%～20%。全省大部气温接近常年。全省春末夏初无明显区域性干旱,有少雨时段。6—8 月,甘南州、定西市南部、天水市、陇南市降水较常年同期偏多 20%左右,省内其余各地偏少 10%～30%。夏季全省大部地区温度较常年同期偏高 1℃左右。河东大部高温日数偏多,暴雨场次偏少,河东大部分地方有伏旱。

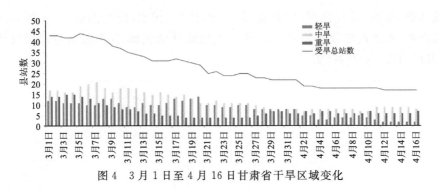

图4　3月1日至4月16日甘肃省干旱区域变化

二、春耕春播气象服务情况和下一步工作打算

(一)春耕春播气象服务情况

今年以来,全省气象部门全力组织开展春耕春播气象服务,特别是针对中部部分地方出现的干旱,一是组织全省进行干旱会商,认真做好旱情动态监测和滚动预报,发布了2期专题决策服务材料。临夏组织开展墒情加密观测;兰州、白银、定西、临夏开展苗情调查。抓住有利时机,组织开展人工增雨作业。3月1日以来,甘肃省共开展飞机增雨作业6架次,飞行28小时41分,航程10900千米,增加降水约2.49亿吨;火箭人工增雨作业103点次,发射火箭弹844枚。二是组织开展今年首次土壤墒情普查,制作发布了"甘肃省2015年春耕春播气象条件分析"等专题材料,从3月1日起,启动了全省春耕春播气象服务,截至目前已发布春耕春播气象服务专题材料省级6期、市级80期、县级231期。三是组织各级气象台站与重点农业生产经营主体建立"直通式"服务,共纳入重点服务对象13611户。定期组织农气专家深入农村田间地头开展现场气象服务,指导农民根据天气变化合理安排农事活动,提高服务针对性和实用性。

(二)下一步工作打算

全省各级气象部门将按照省长重要讲话和本次会议精神,针对即将开始的汛期气象服务,做好以下几个方面的工作:

一是加强组织领导。切实做到"思想到位、组织到位、技术装备到位、预报服务到位、应急措施到位"。

二是加强部门合作。加强与气象灾害防御指挥部各成员单位之间的沟通合作、信息共享,形成防灾减灾的合力。

三是加强监测预警。加强局地暴雨、突发性强对流天气的监测预警,及时发布灾害性天气预警信号。加强干旱实时监测,为抗旱减灾做好服务。

四是加强信息发布。特别是发挥乡镇气象协理员、村级气象信息员的作用,加强农村气象灾害预警信息发布和传播,提高预警发布的及时性,扩大预警信息覆盖面。

五是加强人影作业。抓住一切有利时机,组织开展人工增雨作业,减轻干旱对农业生产的不利影响。

第四篇

极端气候事件影响及评估

6月以来甘肃东南部降水偏少，出现伏旱

马鹏里　方锋　王有恒　万信　赵红岩　申恩青　林纾　冯岚

（2014年7月31日）

摘要：入汛以来甘肃省东南部降水偏少。天水市、平凉市、庆阳市和陇南市大部、定西市中北部、甘南州东南部出现轻旱，其中，会宁、武山、秦安、文县、崆峒、环县等地出现重旱。整体看，甘肃省东南部出现伏旱。

2014年7月30日，甘肃省气象局向国家气候中心报送《入汛以来甘肃天气气候特点及目前旱情分析》，经采用形成文件《6月以来甘肃东南部降水偏少　出现伏旱》，上报中华人民共和国国务院办公厅（简称国办）和中国共产党中央委员会办公厅（简称中办），得到国办批转。以下为该文件全文。

一、6月以来甘肃气温偏高 东南部降水偏少

气温偏高。6月以来（6月1日至7月29日），甘肃定西、临夏、天水、甘南、陇南等市州及庆阳市南部、平凉市东部气温偏高0.5～1.7℃；肃北、玉门及庆阳市北部气温偏低0.5～1.6℃，其余地区接近常年同期。

甘肃东南部降水偏少。6月以来，甘肃东南部降水偏少20％～50％，其中，天水市、平凉市、定西市南部、甘南州东南部及礼县、成县、西峰、庆城等地偏少40％～50％。

二、甘肃东南部目前出现伏旱

甘肃自7月11日大范围降雨结束后，到目前基本无区域性连续降雨过程，加之近期全省气温较高，土壤蒸发量加大，旱象开始显现。7月28日综合气象干旱指数和自动土壤水分墒情监测结果显示，天水市、平凉市、庆阳市和陇南市大部、定西市中北部、甘南州东南部出现轻旱，其中，会宁、武山、秦安、文县、崆峒、环县等地出现重旱。

预计8月上旬，甘肃全省天气以晴为主，气温偏高，土壤失墒将进一步加剧，东南部旱情将继续发展、范围进一步扩大。应密切关注旱情发展，及时采取保水保墒措施。

（另附《入汛以来甘肃省天气气候特点及目前旱情分析》）

附：入汛以来甘肃省天气气候特点及目前旱情分析

　　摘要：入汛以来甘肃省河西五市、兰州市、白银市、庆阳市北部降水偏多，省内其余各地降水偏少。天水市、平凉市、庆阳市和陇南市大部、定西市中北部、甘南州东南部出现轻旱，其中会宁、武山、秦安、文县、崆峒、环县等地出现重旱。整体看，甘肃省东南部出现伏旱。预计立秋至处暑甘肃省东南部旱情将继续发展、范围进一步扩大。秋季甘肃省大部降水偏多，旱情不明显。

一、甘肃省前期气候概况

　　气温总体偏高。入汛以来（6月1日至7月28日），甘肃省定西、临夏、天水、甘南、陇南等市州及庆阳市南部、平凉市东部气温偏高0.5～1.7℃；肃北、玉门及庆阳市北部气温偏低0.5～1.6℃，省内其余地方接近常年同期（图1）。

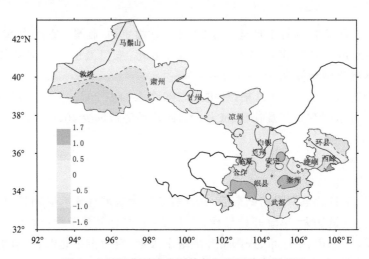

图1　入汛以来甘肃省平均气温距平分布图（℃）

　　降水量总体偏少。入汛以来（6月1日至7月28日），河西五市、兰州市、白银市及庆阳市北部降水偏多20%～60%，省内其余各地降水偏少20%～50%，其中，天水市、平凉市、定西南部（渭源、漳县和陇西）、甘南州东南部（玛曲、临潭、卓尼、迭部）、礼县、成县、西峰、庆城等地降水偏少40%～50%（图2）。

　　极端天气气候事件少。春季大风、沙尘（暴）、寒潮日数偏少，河东第一场好雨普遍偏早13～23天，4月雨日多，强对流天气较常年偏早，7月7—9日庆阳市部分地方及陇南、白银、兰州等市局部地方出现暴雨。

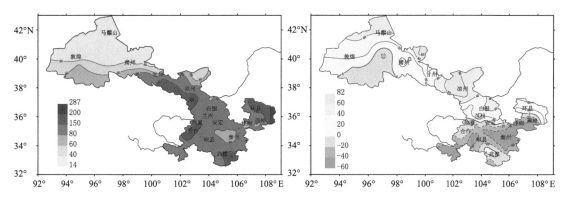

图2　入汛以来甘肃省降水量(左,毫米)及降水距平百分率(右,%)分布图

　　近期甘肃省大部分地方出现高温天气,兰州、白银、陇南、平凉、庆阳等市局部地方最高气温将要升至35℃以上,酒泉、武威两市局部地方最高气温将要升到37℃以上。

二、目前甘肃省旱情现状

　　甘肃省自7月11日大范围降雨结束后,到目前基本无区域性降雨过程,加之近期全省气温较高,土壤蒸发量加大,旱象开始显现。根据7月28日全省综合气象干旱指数和自动土壤水分墒情监测(图3和图4),结果表明:天水市、平凉市、庆阳市和陇南市大部、定西市中北部、甘南州东南部出现轻旱,其中,会宁、武山、秦安、文县、崆峒、环县等地出现重旱。整体看,甘肃省东南部出现伏旱。

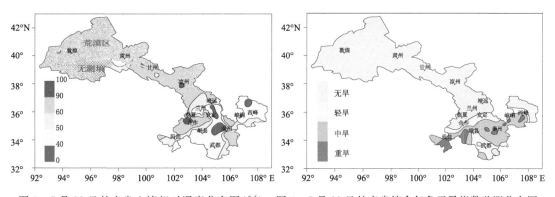

图3　7月28日甘肃省土壤相对湿度分布图(%)　图4　7月28日甘肃省综合气象干旱指数监测分布图

三、未来旱情发展趋势及气候预测

　　8月上旬(立秋前后),全省天气以晴为主,气温偏高,土壤失墒将进一步加剧,甘肃省东南部旱情将继续发展、范围进一步扩大。预计目前旱情将持续到8月中旬前后,秋季甘肃省大部降水偏多,旱情不明显。

　　预计8月,甘肃省降水量与历年同期相比,河西五市、兰州、白银及庆阳市北部降水略偏少,河东其余大部地方偏多10％～20％,全省气温略偏高;8月9—10日,河西地区有降水天气过程,8月18—25日(处暑前后),河东地区将出现相对多雨时段。

四、生产建议

(1)预计甘肃省旱情将持续到8月中旬,希望密切关注旱情发展,及时采取保水保墒措施。

(2)目前,甘肃省仍处于主汛期,局地强对流天气时有发生,各地要继续加强防范局地强降雨诱发的中小河流洪水、山洪、滑坡、泥石流及城市内涝等灾害。

(3)近期甘肃省气温较高,提请有关部门和单位注意防范因用电量过高,以及电线、变压器等电线、变压器等电力负载过大而引发的火灾。

伏期高温范围广，极端性强，中东部伏旱明显

王有恒　赵红岩　林纾　王小巍
（2016 年 8 月 17 日）

摘要：7 月以来大部地方气温偏高 2℃ 左右，平均最高气温近 56 年来最高。7 月 26 日至 8 月 15 日出现持续高温天气，马鬃山、鼎新最高气温破极值，敦煌、金塔日最高气温超过 40℃，酒泉市、张掖市、兰州市部分县市 32℃ 以上连续高温日数破极值。持续高温少雨，导致中东部地区伏旱明显，旱情较重。

一、高温天气特点

7 月以来（7 月 1 日至 8 月 15 日），全省平均气温为 22.1℃（较常年同期偏高 2.3℃），为近 56 年第二高（2006 年，22.3℃）；平均最高气温为 29.0℃（偏高 2.8℃），近 56 年最高；平均最低气温为 16.4℃（偏高 2.0℃），近 56 年来第三高。出现两次高温时段，其中 7 月 14—21 日时间短、强度弱、范围小；7 月 26 日至 8 月 15 日范围广、强度大、持续时间长，为近年来少见（图 1）。省会兰州 7 月 27 日至 8 月 15 日平均气温、平均最高气温均偏高 4.1℃，均为近 56 年最高，超过 32℃ 持续高温日数长达 19 天，破历史极值，最低气温超过 20℃ 持续日数长达 15 天。

范围广。7 月 26 至 8 月 15 日，甘肃省有 64 县市出现日最高气温超过 32℃ 高温天气，覆盖了甘肃省河西五市、兰州市、白银市、庆阳市、天水市和陇南市，占全省总面积的 86%，其中河西五市、兰州市、白银市和陇南市的 38 县市出现超过 35℃ 高温天气，占全省总面积的 63%，酒泉市、张掖市和武威市出现 37℃ 以上高温天气。

强度大。马鬃山、金塔、敦煌、鼎新、玉门、肃州、民乐、甘州、肃南、临泽、高台、山丹 12 县市出现极端高温事件，其中马鬃山（36.2℃）、鼎新（40.4℃）破历史极值，金塔（40.5℃）平历史极值，敦煌（43.1℃）、甘州（39.6℃）和肃南（32.8℃）突破历史次极值（图 2）。大部地区最低气温明显偏高，河西五市、白银市、兰州市、庆阳市、陇南市和天水市有 50 县市最低气温超过 20℃，其中敦煌、瓜州、金塔、武都超过 25℃。

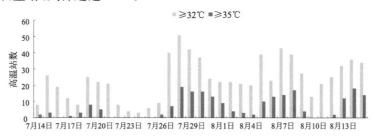

图 1　甘肃省 2016 年 7 月 14 日至 8 月 15 日逐日高温站数变化

持续时间长。酒泉市、张掖市、武威市、兰州市和白银市的 11 个县市 32℃以上连续高温日数超过 10 天，其中兰州(19 天)、瓜州(17 天)、敦煌(16 天)、鼎新(16 天)和金塔(16 天)等 10 个县市破历史极值;酒泉市和张掖市的 9 个县市 35℃以上连续高温日数达 5~9 天。

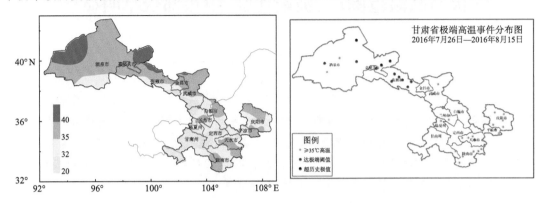

图 2　7 月 26 日至 8 月 15 日甘肃各站最高气温(左,℃)及极端高温事件(右)空间分布图

二、伏旱影响与未来气候预测

伏旱:7 月下旬以来,甘肃省中东部地区平均气温偏高 2℃左右,平均最高气温近 56 年最高,降水量近 44 年最少,河东大部地方降水量偏少 50% 以上,其中白银市、定西市和天水市北部偏少 80% 以上。高温少雨致使定西市大部、天水市西北部、陇南市西北部、庆阳市北部等地出现伏旱,其中定西市大部、天水市西北部等地达中到重旱(图 3);此次干旱过程较去年同期发生面积大、程度重。

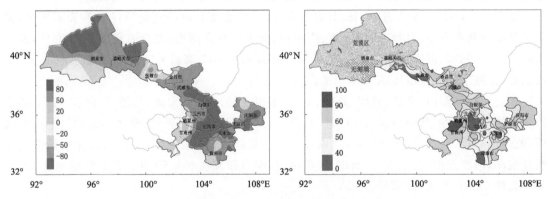

图 3　7 月 26 日至 8 月 15 日甘肃省降水距平百分率(左,%)及
8 月 16 日 0~30 厘米土壤相对湿度(右,%)分布图

影响:高温干旱使得土壤失墒加快,农田蒸散剧烈,影响玉米灌浆成熟,因旱枯黄或干死普遍存在;马铃薯因旱叶子自下而上逐渐变黄枯干,影响块茎膨大,影响后期产量的形成;棉花因旱造成棉铃脱落;同时高温少雨天气易于红蜘蛛、棉铃虫等病虫害的繁殖蔓延。

预测:预计 8 月 17—18 日,河西五阴有小到中雨,局部地方有大雨,陇南、天水、平凉、庆阳等市局部地方仍有 35℃ 以上的高温,省内其余地方多云或晴,局部地方有阵雨或雷阵雨。

23—25日,平凉、庆阳等市将有中到大雨,局地暴雨,省内其余地方多云或晴,部分地方有阵雨或雷阵雨。

建议:根据预测,直到本月末,甘肃省大部分地方的晴热少雨天气还将维持一段时间,尤其是出现了不同程度旱情的定西市大部和天水市西北部,在短时间内没有有效降水缓和旱情。晴热高温天气使旱区土壤失墒加快,旱情加剧,需做好玉米、马铃薯田间管理;加强红蜘蛛、棉铃虫等病虫害监测防治工作;继续做好突发性局地暴雨、雹(洪)、阵性大风等气象灾害的防御;同时做好城市和林区防火工作。

近期高温少雨，加剧甘肃省中东部伏旱

马鹏里　林纾　韩兰英　王兴
（2017 年 7 月 13 日）

甘肃省自 7 月 3—5 日全省性降水后，进入少雨阶段。7 月 9 日开始，出现大范围高温晴热天气，9—12 日全省共有 44 站最高气温达到 35℃以上，其中敦煌、民勤、泾川日最高气温超过 40℃，泾川、庆城和镇原等 9 站破历史极值。预计高温晴热天气将持续到 7 月下旬初。

最新的土壤墒情监测表明，白银市东南部、定西市西北部、临夏州东部及庆阳市北部已有不同程度旱情，土壤相对湿度在 40％以下，而后期高温主要影响甘肃省河西五市及白银、兰州、庆阳等市部分地方，将使得这些地区伏旱加剧。预计未来一月甘肃省中东部降水偏少、温度偏高，伏期干旱将进一步发展。

伏旱是影响甘肃省农业生产最严重的气象灾害之一，近期晴热少雨将对农作物生长产生重大影响。建议有关部门采取有效措施，做好抗旱工作，使伏旱造成的影响和损失降到最低程度；提请电力部门做好用电调度，保障用电供给和安全；同时公众需做好防暑降温准备，尽量避免长时间户外活动。

伏期高温范围广，极端性强，甘肃省中东部伏旱明显

马鹏里　王有恒　贾建英　梁芸　王小巍
（2017 年 7 月 24 日）

摘要：7 月 9—23 日甘肃省持续高温天气，敦煌、民勤和泾川日最高气温超过 40℃，庆城、镇原等 9 县日最高气温破历史极值，高台、临泽、甘州和泾川 35℃以上连续高温日数破极值。持续高温导致甘肃省中东部伏旱明显，受旱范围和程度为近三年同期之最，玉米、马铃薯等大秋作物受干旱影响。

一、高温天气特点

7 月 9 日以来，甘肃省大部出现 35℃以上高温天气，敦煌、民勤和泾川日最高气温达 40℃以上，至 23 日高温范围明显缩小，强度减弱。此次高温天气具有影响范围广、持续时间长、极端性强、体感温度高等特点。

影响范围广。7 月 9—23 日甘肃省各市州有 48 县（区）出现 35℃以上高温天气，高温过程最大影响面积达到 19.3 万平方千米（占全省总面积的 42.6％）（图 1 和图 2）。

持续时间长。酒泉、张掖、兰州、平凉、庆阳等市 18 县（区）35℃以上连续高温日数达 5～11 天，其中高台、临泽、甘州、泾川日数破历史同期极值。

极端性强。庆城（39.9℃）、镇原（39.6℃）和灵台（39.4℃）等 9 县日最高气温破历史极值；庆城、镇原、合水、灵台等 4 县 10 日、11 日最高气温连续刷新历史记录；酒泉、兰州、陇南、天水、平凉、庆阳等市 26 个县（区）日最高气温达极端事件标准，出现站数为近 7 年最多。

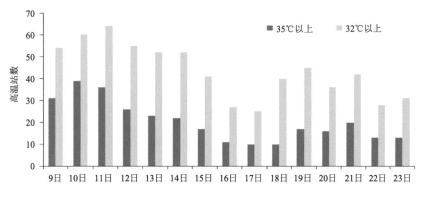

图 1　甘肃省 2017 年 7 月 9—23 日逐日高温站数变化

体感温度高。酒泉、张掖、金昌、武威、兰州、白银、天水、平凉、庆阳九市平均最低气温较常年同期偏高 2～5℃，52 县（区）出现日最低气温超过 20℃的天气，气温日较差小，天气炎热，人

体舒适度差。

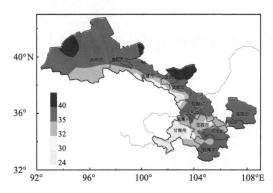

图2　甘肃省7月9—23日最高气温(左,℃)及极端高温事件(右)空间分布图

二、高温干旱对农业影响

6月中旬以来,甘肃省降水量仅为常年同期一半,为近35年最少,受高温少雨天气影响,干旱迅速发展蔓延,受旱范围和程度为近3年同期之最。据最新土壤墒情监测,河东大部地方在60%以下,多数老旱区墒情在40%以下(图3)。

影响:持续高温干旱造成部分地方玉米和马铃薯叶片枯黄脱落、植株干枯死亡,导致玉米结实率下降、马铃薯结薯量减少、春小麦灌浆受阻影响产量,同时对复种小秋作物影响也比较大,苹果果实膨大也受到抑制。

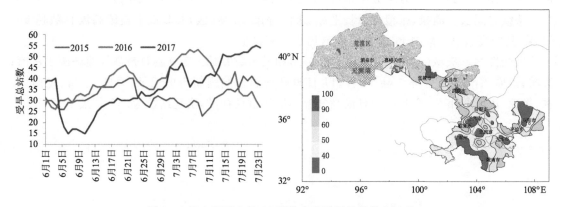

图3　6月1日至7月23日甘肃省受旱总站数(左)及
24日0～30厘米土壤相对湿度(右,%)分布图

入汛以来甘肃省冰雹造成严重损失，
盛夏应特别防范短时强降水引发的灾害

王有恒　林纾　万信　申恩青　贾建英

（2016 年 7 月 4 日）

摘要：6 月，甘肃省降水正常，气温偏高，强对流天气频繁出现，冰雹场次多，造成损失严重。预计，盛夏（7—8 月）气温偏高，陇南市、天水市、平凉市降水偏多 10%～20%，中部偏北地方有伏旱，陇东南强降水过程较多，提请相关部门和公众加以防范。

一、前期气候特征

强对流天气多，冰雹灾害点多面广损失重。今年以来强对流天气重发多发，出现 11 次冰雹天气过程，为近年来少见，定西、陇南、天水、平凉、庆阳等 9 市州的 38 个县 100 多个乡镇出现冰雹，最大直径达 40 毫米（庆城、清水），造成损失严重。

陇东、甘南降水偏多。6 月，全省平均降水量 46.4 毫米，较常年偏少 7.1%。平凉市、庆阳市和甘南州降水偏多 20%～50%；全省平均气温 19.2℃，较常年同期偏高 1.4℃，各地平均气温普遍偏高 1～2℃（图 1）。

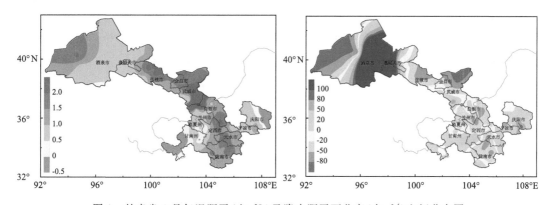

图 1　甘肃省 6 月气温距平（左，℃）及降水距平百分率（右，%）空间分布图

春季极端天气气候事件少。春季第一场透雨偏早 20 天，沙尘天气为历史最少，无区域性沙尘暴；强降温、寒潮次数为近 10 年最多；5 月 11—26 日出现持续低温多雨时段，全省平均气温较常年同期偏低 1.2℃，创 1994 年以来最低；春季降水总体偏多，春旱和春末初夏干旱较轻。

二、对农业的影响

入夏以来阵性天气较多,夏收夏种总体顺利。目前,冬小麦大部已收割,春小麦为灌浆乳熟期,春玉米普遍拔节,马铃薯为分枝—花序形成期。6月以来甘肃省夏收夏种陆续展开,期间阵性天气较多,但无明显连阴雨或干旱危害(图2),夏收夏种基本顺利。

春季干旱影响轻,入夏以来旱情发展快。甘肃省春季降水较常年偏多20%左右,场次比较均匀,农业生产气象条件较好。定西市等地由于去年伏秋到今年春播期3月降水特少,干打硬种的春小麦出苗不齐、缺苗断垄严重,4月下旬至5月中旬干旱再次发展,因春麦所占比重小,总体影响有限。6月以来全省大部降水偏少,高温日数多。预计7月降水大部偏少,陇中、庆阳市西北部、平凉市西部、天水市西北部和陇南市南部等地旱情将会持续发展。

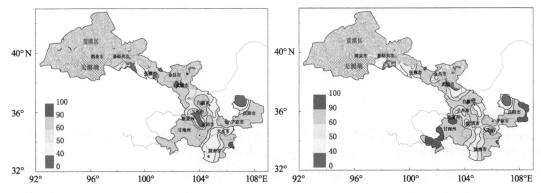

图2　甘肃省6月11日(左)和6月29日(右)0～30厘米土壤相对湿度分布图(%)

初夏多地降雹,严重影响作物生长。6月入夏以来,天水、平凉、庆阳、陇南、定西、武威、张掖、金昌、临夏9个市(州)38个县遭受冰雹灾害,受灾作物主要有小麦、玉米、马铃薯、瓜果、豆类、油菜和大棚蔬菜等,部分地方作物叶片、果树枝叶与幼果受损严重,作物与林果的生长与光合作用受阻,另外,也造成果蔬产量与品质下降。据农牧厅农情统计,6月短时强降雨和冰雹天气致使农作物受灾面积94.6万亩、成灾面积46.1万亩,绝收面积6.3万亩。

三、未来趋势气候预测及对策建议

预计2016年盛夏(7—8月)甘肃省降水与历年同期相比,陇南市、天水市、平凉市偏多10%～20%,甘南州接近常年,省内其余地方偏少20%左右;气温与历年同期相比,全省大部偏高1℃左右。

预计甘肃省中部偏北地方有伏旱。河东区域性暴雨场次接近常年同期。陇东南强对流天气可能频发,需提早关注预警与注意防范短时强降水引发的滑坡泥石流等地质灾害和中小河流山洪。

7—8月,影响甘肃省的大范围降水过程主要有4次,分别是7月15—17日、7月22—24日、8月7—9日、8月18—23日。除7月15—17日降水量级略弱外,其余3次降水过程影响范围大、量级较强,普遍为中雨,局地可达大到暴雨。

对策建议：

(1)盛夏短时强降水、雷雨大风、冰雹等强对流天气发生频繁,需采取措施降低其对工农业生产、基础设施和人民生命的影响。同时因短时强对流天气引发的滑坡、泥石流等地质灾害及中小河流山洪的风险高,需做好防御工作。

(2)针对可能出现的冰雹天气过程以及中部偏北地方的伏旱,建议及时组织开展人工防雹和增雨作业。

(3)全省大部气温偏高,河西和陇中降水偏少,应注意高温热浪对人体健康的影响,做好防暑降温和电力调度工作。

近期强降水影响分析

林婧婧　刘卫平　王兴　林纾

(2018 年 7 月 3 日)

摘要: 6 月以来气温偏高,降水偏多。6 月下旬暴雨影响范围广,间隔时间短、频次高,极端性强,25 县(区)出现暴雨;河东 22 县(区)出现区域性连阴雨;全省平均相对湿度 61.5%,为近 5 年最大,河东大部土壤墒情较好,前期旱情解除。预计 7 月甘肃省降水河西偏少,河东大部偏多,多雨时段主要集中在 7 月上半月,伏期有伏旱,但干旱程度轻于 2016 年和 2017 年。

一、气温偏高,降水偏多

6 月以来全省平均气温 19.4℃,较常年同期偏高 1.1℃。平均降水量 73.1 毫米,较常年同期偏多 28%,为近 10 年最多。甘肃东南部降水偏多 40% 以上,定西市南部、天水市北部、平凉市西部和庆阳市北部偏多 80%~150%;下旬定西市、天水市、甘南州、陇南市、平凉市和庆阳市共 22 县(区)出现连阴雨过程(图1)。

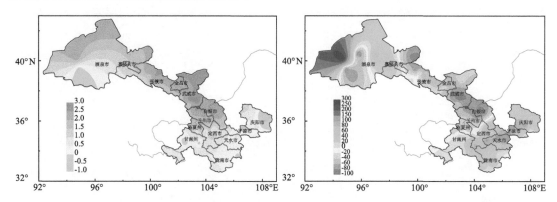

图 1　甘肃省 2018 年 6 月平均气温距平(左,℃)及降水距平百分率(右,%)分布图

二、暴雨影响范围广,极端性强

6 月下旬以来,甘肃省东南部出现 2 次区域性暴雨过程,分别出现在 6 月 25 日和 7 月 1 日。这 2 次过程影响范围广,间隔时间短、频次高,极端性强;主要集中在定西市、天水市、平凉市、庆阳市、陇南市、甘南州及白银和兰州部分地方,累计 25 县(区)出现暴雨。

6 月 25 日全省大部出现一次明显降水天气,平凉市、天水市和庆阳市共 11 县(区)出现区域性暴雨,降水量为 53.6～83.1 毫米,强度和范围均为 1961 年以来 6 月下旬第二大值(仅次于 2013 年),其中武山、甘谷、秦安、清水和张家川 5 县出现极端日降水事件。

7 月 1 日河东出现大范围强降水,白银市、定西市、天水市和甘南州共 14 县(区)出现区域性暴雨,降水量为 50.6～78.0 毫米,范围为 1961 年以来 7 月上旬最大,强度为第三大;大到暴雨影响范围为 17.0 万平方千米,占河东总面积的 90％,其中暴雨影响范围为 9.1 万平方千米,占河东总面积的 52％;雨量最大为 83.1 毫米(清水县)。临潭、会宁、通渭、陇西和武山达到极端日降水气候事件,其中临潭县日降水量突破历史极值。

三、降水日数多,空气湿度大,土壤墒情好

6 月下旬以来全省平均相对湿度为 61.5％,为近 5 年最大;温度高湿度大,人体舒适度较差。张掖市西部、武威市东部和兰州市局部等地 0～30 厘米土壤相对湿度在 60％以下,省内其余大部墒情较好(图 2)。

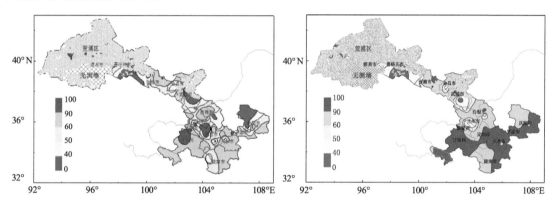

图 2 甘肃省 6 月 21 日(左)和 7 月 2 日(右)降水后 0～30 厘米土壤相对湿度分布图(％)

四、近期降水影响

近期河东大部降水量级大,浅层土壤墒情显著改善,解除了前期旱情,对玉米拔节抽雄和马铃薯分枝开花以及秋作物后期生长发育比较有利。但局地的强对流天气造成农作物遭受一定的损失,连阴雨天气增加了马铃薯晚疫病风险,对夏收进度有一定影响,同时增加了地质灾害风险。

五、未来气候趋势预测

预计 2018 年 7 月降水,河西偏少,河东大部偏多,多雨时段主要集中在 7 月上半月。伏期有伏旱,但干旱程度轻于 2016 年和 2017 年。7 月气温接近常年。

入汛以来甘肃省累计降水量大，
局地短时强降水致灾严重

赵红岩　林婧婧　林纾　刘卫平　刘丽伟　王兴　韩涛　王小巍

（2018年8月22日）

摘要：6月下旬以来，甘肃省降水异常偏多，河东出现5次区域性暴雨天气过程，累积降水量近60年以来最大。高频次、广范围、极端性强的暴雨天气引发山洪、滑坡和泥石流等灾害及城乡积涝。预计8月下旬到9月，甘肃省河东大部降水呈偏多趋势，需防范强降水引发的次生灾害。

一、基本气候特征

1月至8月中旬，全省平均降水量385.8毫米，较常年同期偏多38%，为近60年最多，36县（区）已超过年降水量，最多的永靖县已超过年降水量30%；其中河西120.1毫米，接近常年同期，河东468.5毫米，偏多42%。6月以来全省平均气温偏高1.1℃；日照时数较常年同期偏少72%，为近30年最少；相对湿度偏大3%，为近20年最大；平均降水量265.2毫米，较常年同期偏多42%，其中河西88.6毫米，接近常年同期，河东320.2毫米，偏多46%，为近60年最多（图1）。

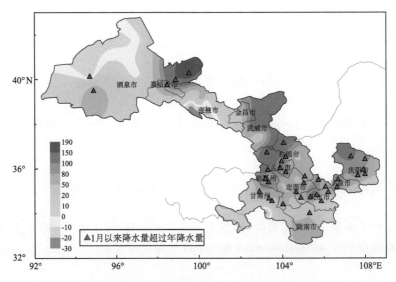

图1　甘肃省2018年6月21日至8月22日
降水距平百分率和降水量分布图（%/毫米）

区域性暴雨频繁,极端性强。6月下旬以来,全省出现5次区域性暴雨过程,河东共有42县(区)出现暴雨,为近60年最多,分别出现在6月25—26日、7月1—2日、7月10—11日、8月2日和8月20—22日。其中6月下旬至7月上旬,仅20天时间,甘肃省东南部连续出现3次区域性暴雨过程。7月1—2日大到暴雨过程影响范围最大,占河东总面积的90%,13县(区)出现暴雨;7月10—11日陇东南25县(区)出现暴雨,暴雨过程强度最强,秦安、通渭、华池、静宁、庄浪、清水、张家川和武都8县(区)出现极端降水事件,其中秦安县日降水量(79.9毫米)突破历史极值。

分散性局地短时强降水致灾严重。7月中旬至8月中旬,甘肃省出现分散性局地短时强降水过程19次,区域自动站共监测到暴雨462站次,大暴雨31站次,最大小时雨强55.0～82.8毫米,最大累积雨量111.8～282.8毫米,是区域自动气象站监测到近10年暴雨最多、最强的一年。如7月18日和政、东乡有5个区域站达大暴雨,和政县梁家寺水库最大降水166.4毫米,导致下游东乡县局地暴发山洪。

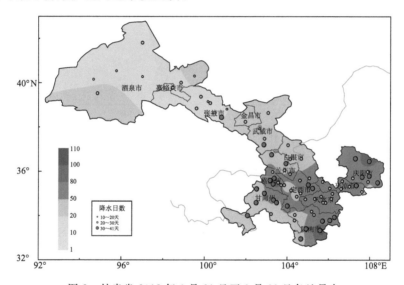

图2 甘肃省2018年6月21日至8月22日各地最大
日降水量和降水日数分布图(毫米/天)

降水日数多、土壤含水量大。6月下旬以来,降水日数河西10～25天,河东20～40天,其中甘南州和陇南市30～40天(图2),河西西部、陇南南部和庆阳北部降水日数偏多5～10天,为近30年最多。全省出现5次区域性连阴雨过程,平均持续时间为5～11天。6月以来0～30厘米土壤相对湿度监测,河东普遍在60%以上,平凉市、临夏南部及陇南东南部在90%以上。

二、近期降水影响

全省大部春夏季墒情适宜,充沛的降水利于玉米、马铃薯、小秋作物和果树的生长发育,也为秋作物后期生长蓄足水分,对秋粮产量形成较为有利。据最新气象卫星资料监测分析:祁连山周边、兰州、白银、临夏、定西和甘南大部地区植被长势为2000年以来最好(图3)。刘家峡水库面积比历年同期偏多 20％以上。

夏季河东连阴雨场次多、过程雨量大，造成天水市和陇南市等地高半山以上地区收获的小麦发芽、霉变；马铃薯晚疫病发病期较常年明显偏早、病情发展流行速度快、发生面积大。同时，持续的阴雨天气导致部分地方果园土壤过湿，水渍害严重，病虫害滋生蔓延，果实着色及品质形成受到不利影响。

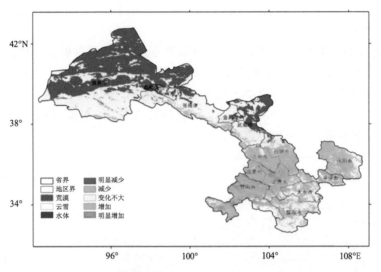

图 3　甘肃省 2018 年 8 月植被差值分布图

三、未来气候趋势预测及影响建议

预计 8 月下旬到 9 月，河东大部降水呈偏多趋势，日照时数偏少。8 月 26—27 日，甘肃省自西向东有一次降水天气过程；8 月其余时段仍多阵性天气发生。9 月，影响甘肃省河东地区降水过程较多。2018 年初霜冻陇南市偏晚，河西大部略偏晚，其余地方接近常年。因此建议：

（1）防范强降水引发的次生灾害。目前河东大部土壤含水量大，地质灾害气象风险等级高，后期甘肃省部分地方降水仍然偏多，应注意防范滑坡、塌方、泥石流等次生灾害及对交通、农牧业、旅游、户外施工作业人员等造成的不利影响。

（2）未来影响甘肃省降水过程仍然较多，雨日多，日照时数偏少，将对秋收和复种作物生长有较大影响。应加强秋田管理，做好马铃薯等秋作物及果树病虫害的防治工作。

甘肃省主汛期暴雨过程多，强度大，局地短时强降水造成损失严重

刘卫平　林婧婧　王兴　王小巍　卢国阳

（2018年9月5日）

摘要：6月以来，甘肃省降水异常偏多，河东出现5次区域性暴雨天气过程，累积降水量近60年以来最大。高频次、广范围、极端性强的暴雨天气引发山洪、滑坡和泥石流等灾害及城乡积涝。预计9月，甘肃省大部降水呈偏多趋势，需防范强降水引发的次生灾害。

一、基本气候特征

1月以来，全省平均降水量为441.6毫米，较历年同期偏多40％，超过甘肃省年降水量（398.5毫米）10％，为近60年最多，比2017年同期降水量（361.4毫米）偏多22％，比2016年同期降水（291.6毫米）偏多50％。全省62县（区）已超过年降水总量，其中榆中县（564.9毫米）超过年降水总量最多，达50％。河西降水量159.8毫米，较历年同期偏多23％；河东降水量529.4毫米，较历年同期偏多43％，为近60年河东最大降水量。降水最多中心在康县，为772.5毫米。

主汛期（6—8月）全省平均降水量303.5毫米，较常年同期偏多43％，为近60年最多；河西降水量108.1毫米，较常年同期偏多21％，河东降水量356.9毫米，较常年同期偏多44％，为近60年最多，降水最多中心在和政县，为545.3毫米（图1）。

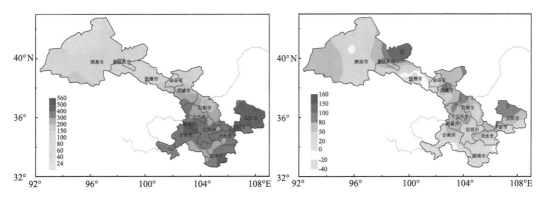

图1　甘肃省2018年主汛期（6—8月）降水量（左，毫米）及降水距平百分率（右，％）分布图

区域性暴雨多，极端性强。6月以来，全省出现5次区域性暴雨过程，河东共有45县（区）出现暴雨，为近60年最多，分别出现在6月25—26日、7月1—2日、7月10—11日、8月2日

和8月20—22日。其中6月下旬至7月上旬,仅20天时间,甘肃省东南部连续出现3次区域性暴雨过程。7月1—2日大到暴雨过程影响范围最大,占河东总面积的90%,13县(区)出现暴雨;7月10—11日陇东南25县(区)出现暴雨,暴雨过程强度最强,秦安、通渭、华池、静宁、庄浪、清水、张家川和武都8县(区)出现极端降水事件,其中秦安县日降水量(79.9毫米)突破历史极值(图2)。

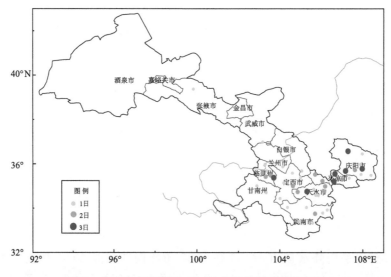

图2 甘肃省主汛期(6—8月)各地暴雨日数分布图

局地短时强降水致灾严重。7月中旬至8月下旬,甘肃省出现分散性局地短时强降水过程21次,区域自动站共监测到暴雨483站次,大暴雨31站次,最大小时雨强55.0~82.8毫米,最大累积雨量111.8~282.8毫米,是区域自动气象站监测到近10年暴雨最多、最强的。如7月18日和政、东乡有5个区域站达大暴雨,和政县梁家寺水库最大降水166.4毫米,导致下游东乡县局地暴发山洪。

降水日数多、土壤含水量大。6月以来,降水日数河西14~36天,河东30~55天,其中甘南州和陇南市35~57天,酒泉市、兰州市、定西市、临夏州、平凉市和庆阳市偏多5~12天,为近30年最多。全省出现8次区域性连阴雨过程,平均持续时间为5~16天。6月以来0~30厘米土壤相对湿度监测,河东普遍在60%以上,平凉市、临夏南部及陇南东南部在90%以上。

二、近期降水影响

主汛期前期天气条件整体利于冬小麦的成熟收获、春小麦抽穗开花和玉米、马铃薯苗期生长;中后期甘肃省降水场次较多,河东大部地方墒情良好。7月上中旬的降水天气对夏收作物有一定不利影响,部分地方成熟小麦发芽霉变,同时河东局地性强降水造成农作物不同程度受灾,部分地方田间湿度较大,导致马铃薯晚疫病发病期较常年明显偏早、病情发展流行速度快、发生面积大。

据最新气象卫星资料监测分析:祁连山周边、兰州、白银、临夏、定西和甘南大部地区植被长势为2000年以来最好。刘家峡水库面积比历年同期偏多20%以上(图3)。

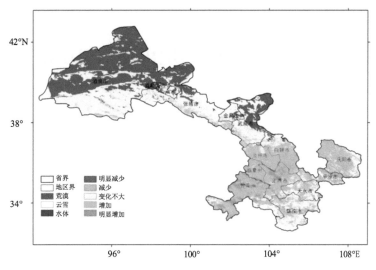

图3　甘肃省2018年8月植被差值分布图

三、未来气候趋势预测及影响建议

9月甘肃省大部降水以偏多为主,其中河西中东部、中部、陇东东部偏多20%～30%。主要天气过程:9月9—11日,甘肃省有一次降温、降水天气过程;17—18日,甘肃省南部有降水;27—29日,河东大部有明显降水。秋季甘肃省大部分地方降水偏多,有低温阴雨时段。因此建议:

(1)防范强降水引发的次生灾害。目前河东大部土壤含水量大,地质灾害气象风险等级高,后期甘肃省大部地方降水仍然偏多,应注意防范滑坡、塌方、泥石流等次生灾害及对交通、农牧业、旅游、户外施工作业人员等造成的不利影响。

(2)降水天气利于增加土壤墒情,对秋作物的后期生长和越冬作物的播种有利;但阴雨寡照天气不利于苹果和葡萄的果实着色和糖分积累,影响果实品质;同时易于滋生果树病虫害和晚熟马铃薯晚疫病,需加强田间管理和病虫害防治。

(3)利用有利天时抓紧收获已成熟秋作物,同时做好秋种作物播前准备工作,适时播种。

5月冷空气活动频繁，多地出现低温阴雨天气

马鹏里　王有恒　贾建英

（2016年5月30日）

摘要：5月以来甘肃省出现5次较强冷空气过程，为1961年以来最多；寒潮、强降温次数偏多。11—26日出现低温多雨时段，兰州、白银、定西部分地方降雪终日为20世纪90年代以来最晚。

一、气候概况

5月以来甘肃省遭受了5次较强冷空气影响，大部地方出现降温、降雨（雪）天气。低温范围主要出现在河西五市、白银市和平庆两市，较常年同期偏低1.0～2.2℃；降水量河西东部、兰州市、定西市北部、陇南市南部和甘南州北部偏多20%～80%，河西西部、白银市偏多1倍以上。全省有18站出现寒潮，累计出现28站次，较常年偏多14站次，为1995年来最多；42站出现强降温，累计出现76站次，偏多62站次，为1961年以来最多（图1）。

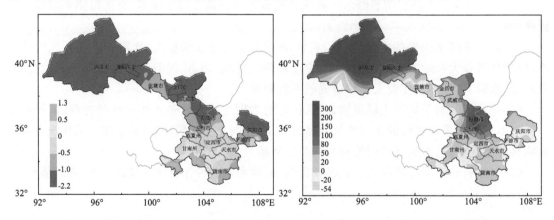

图1　甘肃省2016年5月以来平均气温距平（左，℃）及降水距平百分率（右，%）分布图

二、主要气候特点

冷空气过程来势猛，次数多。5月以来甘肃省先后出现了5次较强冷空气过程，为1961年以来最多，分别出现在4月30日至5月2日、5—7日、11—14日、20—22日和24—26日，其中11—14日和20—22日2次过程降温幅度和降水量级较大。11—14日，酒泉市、临夏州、甘南州部分地方最低气温在0℃以下。全省有43站最低气温24小时下降5℃以上，东乡下降幅

度最大,达 12.6℃。武威以东出现明显降水,兰州中部、临夏大部、甘南中部及陇东南大部为 10.0～20.4 毫米,甘南北部、陇南中东部、天水南部在 20 毫米以上。20—22 日,全省有 15 站最低气温 24 小时下降 5℃以上,古浪下降幅度最大,达 8.2℃。兰州、白银、定西、临夏和甘南五市(州)降雨量在 25 毫米以上。

过程影响范围广,低温多雨时段持续时间长。5 次冷空气过程,席卷了甘肃省全境,11—26 日出现持续低温多雨时段,全省平均气温为 13.0℃,较常年同期偏低 1.2℃,创 1994 年以来最低,其中河西五市偏低 2.0～3.1℃,兰州、白银、定西、临夏、平凉和庆阳偏低 1.0～2.5℃。

降雪终日出现时间晚。11—26 日期间受 3 次冷空气影响,河西、兰州、白银、定西、临夏和甘南部分县、乡镇出现降雪天气过程,部分地区积雪深度达 13 厘米。降雪终日河西、兰州、白银和定西部分地方较常年偏晚 10 天左右,其中榆中、会宁和岷县等地降雪终日为 20 世纪 90 年代以来最晚。

三、影响分析

受冷空气影响全省大部出现低温多雨天气,局部地方气温异常偏低,引发寒潮、强降温、霜冻、降雪、局地大风和冰雹天气,其影响利弊皆有。

有利影响:中下旬降水提高了土壤墒情,利于农作物及牧草的生长,尤其对前期定西、天水等地的旱情得到缓解,对需水关键期的冬小麦拔节抽穗较为有利,也利于春播作物苗期生长;同时降水也降低了森林草原火险等级,改善了空气质量。

不利影响:低温寡照天气,对冬小麦抽穗开花和灌浆有不利影响。雨夹雪、霜冻、冰雹等天气造成农作物、林果等经济作物不同程度受冻,气温骤降骤升加重了农作物冻害。强降温、寒潮和局地冰雹等恶劣天气,影响公路和城市交通,对民航和铁路运营也有一定影响。持续降水导致山体土质疏松,易于引发滑坡等地质灾害。

近期连阴雨影响分析

马鹏里　林婧婧　贾建英　朱飙　李丹华

（2017 年 8 月 30 日）

摘要：8 月以来甘肃省平均降水量较常年同期偏多近 60％，为 1981 年以来最多，中下旬全省气温为近 10 年最低。月内共出现 3 场强降水天气，正宁、礼县降水量突破历史同期极值。中下旬出现的两次区域连阴雨天气，解除了河东旱区前期旱情，同时阴雨寡照天气易造成马铃薯晚疫病等作物病虫害的滋生蔓延。预计今年甘肃南部秋雨较常年偏多。

一、8 月以来降水偏多，连阴雨持续时间长

8 月以来全省平均降水量为 105.1 毫米，较常年同期偏多近 60％，为 1981 年以来最多，其中甘南、陇南和庆阳 10 县（区）降水量位居历史同期前三，正宁、礼县突破历史极值；陇中大部降水日数 15～20 天，较常年同期偏多 4～8 天（图 1）。5—7 日、11—12 日、19—21 日河东出现较强的区域性强降水，陇南、天水、白银市部分地方出现大暴雨，7 日武都（79.2 毫米）、19 日会宁（89.1 毫米）日降水量突破历史极值。

8 月 2—9 日、8 月 17—29 日甘肃省出现 2 次区域性连阴雨过程，17 日以来河东 35 县（区）连阴雨过程持续时间长，过程雨量为 19.2～169.0 毫米，为 2012 年以来最多；白银市、兰州市和临夏州的 8 个县连续降水日数分别位居历史前 2～7 位（图 2）。

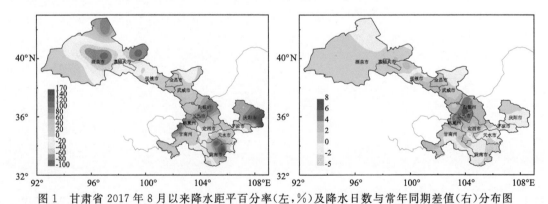

图 1　甘肃省 2017 年 8 月以来降水距平百分率（左，％）及降水日数与常年同期差值（右）分布图

二、8 月中下旬低温寡照湿度大

8 月中下旬全省气温较常年同期偏低 0.7℃，为近 10 年最低。除甘南外，全省大部偏低

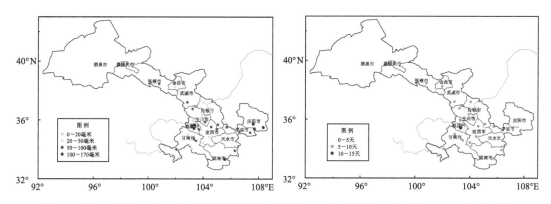

图2　甘肃省2017年8月以来连阴雨过程最大雨量（左，毫米）及最大持续日数（右，天）分布图

2.0～4.0℃，其中白银市北部偏低4.0～5.5℃（图3）。

8月以来甘肃省日照时数为128小时，较常年同期偏少近70小时，为1961年以来最少（图4），主要集中在白银市、临夏州、定西市南部、甘南州北部、陇南北部和平凉市。

最新土壤墒情监测，陇东大部、陇中中西部及陇南市东部、甘南州西部土壤相对湿度在90%以上，省内其余大部墒情适宜。

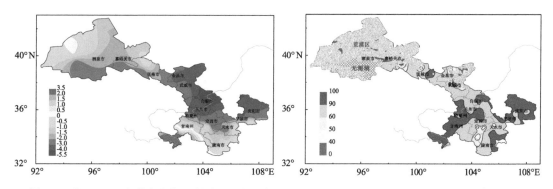

图3　8月17日以来甘肃省气温距平（左，℃）及8月28日0～30厘米土壤相对湿度（右，%）分布图

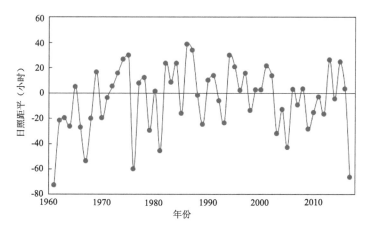

图4　1961—2017年8月以来甘肃省日照时数距平历年变化

三、近期气候对农业影响

8月以来连续降水使土壤墒情显著增加，解除了河东旱区前期旱情，对玉米灌浆、马铃薯块茎膨大等秋作物产量的形成非常有利。持续降水利于土壤蓄墒，对今秋冬小麦播种和明年春播也十分有利。同时，持续阴雨寡照天气易造成马铃薯晚疫病等病害的滋生蔓延，对苹果、酿酒葡萄等林果糖分积累着色不利，也造成日光温室蔬菜、复种作物生长缓慢。

四、未来天气气候趋势预测

预计2017年9月甘肃省河西降水接近常年同期，河东降水略偏多；9月中旬初期，南部有一次降水过程，9月下旬末期，中部、南部有一次降水过程；今年华西秋雨总体较常年偏强，甘肃南部秋雨较常年偏多。

五、对策建议

（1）河东大部出现连阴雨，导致地质灾害的气象风险等级高，提醒相关部门需加强因持续性降水和局地强降水可能引发的中小河流洪水、山洪及滑坡、泥石流等地质灾害。

（2）加强果园水肥和秋作物田间管理，遇强降雨天气要及时进行果园清沟排水，特别注意马铃薯晚疫病等病害监测防治。

（3）今年华西秋雨总体较常年偏强，需防范浓雾对交通的不利影响。

2016年甘肃省春季气候趋势预测

林纾　杨苏华　郭俊琴　刘卫平　刘丽伟

(2016年1月27日)

摘要: 2014年5月开始发展的超强厄尔尼诺事件,已持续21个月,从2016年1月开始强度将快速衰减,将于2016年5月结束。预计2016年春季(3—5月),降水河西大部偏少,河东以偏多为主,气温偏高,初春有干旱,第一场区域性透雨比常年同期略偏早。春季气候条件总体对甘肃省农业生产较为有利。

一、厄尔尼诺事件及其对甘肃省气候的影响

(一)厄尔尼诺事件

"厄尔尼诺"是西班牙语"圣婴"的意思,厄尔尼诺事件是指赤道东太平洋海域平均海表温度异常偏高的气候事件。一般2~7年发生一次,上一次厄尔尼诺事件出现在2009/2010年间。海温长时间持续偏高,对全球天气气候产生非常重大的影响,会导致极端天气气候事件多发重发,如1997年盛夏,受厄尔尼诺事件影响,甘肃省有42站次极端最高气温突破历史极值。

(二)2014—2016年超强厄尔尼诺事件

这次超强厄尔尼诺事件从2014年5月开始,已持续21个月。和以前的厄尔尼诺事件相比,这次事件具有持续时间最长(为1951年以来历次厄尔尼诺事件中持续时间最长)、强度强(强度达2.4℃,仅次于1997/1998年的2.5℃)、峰值出现晚等特点。预计2016年1月开始,本次厄尔尼诺事件强度将快速衰减,将于2016年5月结束。

(三)厄尔尼诺事件对甘肃省气候的可能影响

经统计分析,在厄尔尼诺事件发生年,甘肃省天气气候有以下明显特点:甘肃河东大部春季降水偏多、第一场好雨偏早、春旱不明显、区域性沙尘暴偏少;河东地区夏秋季降水明显偏少,易发生大范围伏秋干旱;冬温以偏高为主,易出现暖冬现象,但期间温度变化幅度大。

二、2016年春季甘肃省气候趋势预测及夏季气候趋势展望

综合分析多种资料及厄尔尼诺的影响因素,预计:

（一）春季气候趋势预测

预计 2016 年春季（3—5 月），降水河西大部偏少，河东以偏多为主，气温总体偏高；无春寒和倒春寒，有初春旱，仲春后降水偏多；春季区域性沙尘暴发生频次比常年偏少；春季第一场区域性透雨可能出现在 4 月 15—25 日，比常年略偏早。

（二）夏季气候趋势展望

超强厄尔尼诺事件已进入衰减期，对我国夏季气候的影响将更为显著，南方洪涝灾害可能较重，但甘肃省河东地区降水可能偏少，出现伏秋干旱的可能性大。

（三）主要天气过程

春季少雨时段主要出现在初春 3 月。4 月中下旬降水过程明显增多，4 月上旬后期到中旬、5 月上旬后期到下旬前期是相对多雨时段，可能出现连阴雨天气过程。

三、气候影响建议

（1）春季气候条件总体对甘肃省农业生产较为有利。但 2—3 月，甘肃省气温回暖快，大部地方降水偏少，是大风、沙尘暴多发季节，注意提早做好防旱抗旱和草原森林火灾的预防工作。抓住后春降水偏多的有利时机，有针对性地安排好春耕、春播工作。

（2）预计甘肃省春运期间有 4 次主要天气过程，总体偏弱，春运期间发生大范围持续性低温雨雪冰冻灾害的可能性小，建议密切关注短期天气预报，做好春运安全生产。

（3）密切关注后春多雨时段，加强对小麦病虫草害的发生发展动态监测，尤其是加强小麦条锈病的监测和防治工作。

5月进入气象灾害多发期,中旬大部分地方将出现低温多雨时段

马鹏里　李晓霞　王有恒　万信　王兴　林婧婧　黄涛

(2016年4月29日)

摘要:预计5月全省气温略偏高,大部分地方降水偏多;将出现低温多雨时段,主要发生在7—23日张掖以东地区。

一、近20年5月低温多雨相似年份气候和灾害特点分析

1995—2015年河东地区5月出现3次相对低温多雨年份,分别是1998年、2002年、2013年,基本呈现出降水偏多、气温偏低,冰雹、局地暴洪,低温冻害并发等特点。其中1998年5月河东降水量为73.9毫米(较常年偏多1倍),2002年和2013年,降水量分别为61.8毫米和68.1毫米(较常年偏多70%～80%);平均气温1998年和2002年分别偏低0.8℃和1.4℃。1998年和2002年冰雹发生站次较常年偏多4～15站次,2002年霜冻发生较常年偏多40站次,均造成不同程度损失。

5月河东发生局地冰雹、暴洪和晚霜冻频率较高,造成的损失十分严重,如2012年5月10日定西市岷县发生特大冰雹泥石流灾害,造成44人死亡,26人失踪;2015年5月30日,静宁县冰雹灾害持续时间达30分钟左右,冰雹最大直径2.8厘米,当地农业、林果业遭受重创;2004年4月30日至5月2日甘肃大部地方出现了强降温和降雪天气,最低气温降至0℃左右(山区达到−8℃),是甘肃省1981年以来强度最强、受害范围最大的一次霜冻灾害。

二、今年5月低温多雨天气可能造成的影响

5月降水偏多,出现低温多雨时段,对地处干旱和半干旱地区的甘肃省来说有利有弊。

有利影响:缓解旱情,满足农作物、林果等对水分的需要。拔节孕穗期的春小麦能形成较多的穗粒数,为抽穗开花期的冬小麦提供水分条件,利于苗期玉米生长和马铃薯播种出苗,利于林果幼果的生长发育;清洁空气,利于植被恢复、牧草生长,改善生态环境;增加地下水和河流流量,利于集雨水窖蓄水。

不利影响:短时强降水、冰雹、大风等强对流天气带来的危害不容忽视;对玉米、马铃薯、高粱、蔬菜、果树和中药材生长发育不利;对大樱桃、杏子等早熟林果品质有一定影响;不利于冬小麦的扬花授粉;易引起小麦条锈病流行爆发。

三、对策及建议

（1）抓住多雨有利时机，干旱地区水窖及时蓄水。
（2）高度重视，密切关注，提高对强对流天气的防范能力。
（3）预防低温冻害，提早采取相关措施。
（4）加强田间管理，预防小麦条锈病发展蔓延。

2017年甘肃省春季气候趋势预测

林纾　刘丽伟　朱飙

（2017年1月17日）

摘要：预计2017年春季（3—5月）降水呈河西偏少、河东略偏多趋势，全省气温偏高。区域性沙尘暴偏少，有春旱，晚霜冻结束时间偏迟，第一场区域性透雨接近常年同期。春季气候条件总体对甘肃省农业生产较为不利。

一、2017年春季气候趋势预测及夏季气候趋势展望

（1）春季气候趋势预测。预计2017年春季（3—5月）降水，河西大部偏少30％～40％，中部略偏少，省内其余地方略偏多；全省气温偏高。区域性沙尘暴偏少，有春旱，无春寒和倒春寒，晚霜冻结束时间偏迟，第一场区域性透雨可能出现在5月2—4日，接近常年同期。

（2）春季主要天气过程。春季少雨时段出现在3月上中旬、4月上中旬和5月中旬前后。相对降水过程分布在3月下旬、4月下旬、5月初和5月末，连阴雨天气过程弱、低温时段不明显。

（3）夏季气候趋势展望。从影响我国夏季降水的太平洋海温状况看，尚未形成拉尼娜事件，海温对我国夏季气候的影响变得更为复杂。预计甘肃省河东地区降水将比2015年和2016年夏季有所增多，出现伏秋干旱的可能性减小。

二、春运期间主要天气过程

2017年春运期间（2017年1月13日至2月21日），影响甘肃省冷空气势力整体偏弱，1月中下旬冷空气活动相对较为频繁，有相对低温时段。

1月19—22日，河东大部有一次弱降水过程。

1月27—28日，陇东、陇南有弱冷空气影响。

2月8—9日，河东大部有一次降水过程。

2月12—14日，天水北部、陇东大部有一次降水、降温天气过程。

2月17—18日，陇东大部有一次弱降水天气过程。

三、气候影响建议

（1）预计2017年春运期间陇东南部分地方雨（雪）过程相对较多，但影响甘肃省冷空气势力整体偏弱，发生大范围持续性低温雨雪冰冻灾害的可能性小。建议交通运输部门密切关注

气象部门发布的中短期天气预警信息，及时应对不利天气的影响，保障运输大动脉的通畅和安全。

（2）春季甘肃省暖干的气候条件，总体对甘肃省农业生产较为不利。提请注意做好防风、抗旱和草原森林火灾的预防工作，抓住有利时机，实施人工增雨作业；关注春旱对春耕、春播工作的影响，有针对性地安排好相关工作。

甘肃省 2018 年气候趋势预测

朱飙　卢国阳　林纾

（2018 年 1 月 31 日）

摘要：预计春季降水河西大部偏少外，省内其余地方偏多 20％～30％，全省大部气温偏高 1℃左右，春季第一场透雨和晚霜冻结束时间均比常年同期偏早；春季气候条件总体对农业生产较为有利。夏季降水，白银、兰州、定西、甘南北部偏少 20％～30％，省内其余地方偏多 20％左右。夏季及各月平均气温均偏高 0.5℃左右。

一、2017 年气候概况

2017 年甘肃省全年降水与历年相比，除酒泉市西部和临夏州偏少 20％～30％外，省内其余大部地方偏多 20％～50％。全年平均气温，全省大部地方偏高 1℃左右。

去年冬季气温较常年同期偏高 2.3℃，为近 60 年最高；冬末（2 月 21—22 日）出现强降雪、强降温和寒潮，影响范围为 2000 年以来最广。春季全省沙尘暴日数为 1961 年以来最少，未出现区域性沙尘暴天气；河东第一场透雨异常偏早，较常年提前 50 天。夏季全省出现 6 次大范围强对流天气，给农经作物、林果业、基础设施带来严重损失；夏末持续连阴雨使日照时数为 1961 年以来最少，阴雨寡照造成马铃薯晚疫病等作物病虫害滋生蔓延。秋季 10 月 8—10 日，甘肃省多地迎来首场强降温雨雪天气，降雪较常年提前 10～15 天，兰州提前 25 天，为 1981 年以来最早。12 月全省大部降水异常偏少，不足 1 毫米或无降水。

二、2018 年气候趋势预测

（一）春运期间

春运期间，甘肃省气温除河西大部略偏低、甘南州大部偏高 1℃左右外，其余大部接近常年；2 月上旬，全省大部有降温降水天气过程；中旬，河东大部有弱降水天气过程；下旬初期甘肃省自西向东有一次冷空气过程。

（二）春季（3—5 月）

2018 年春季降水除河西大部偏少外，省内其余地方偏多 20％～30％。3 月，河西西部偏多，省内其余地方略偏少；4 月，河东大部偏多 20％左右，省内其余地方略偏少；5 月，河西大部、白银偏少 20％～30％，省内其余地方偏多 20％左右。同期全省大部气温偏高，其中，3 月全省大部接近常年，有相对低温时段；4 月和 5 月，全省大部气温偏高 1℃左右。预计春季第一场透雨和晚霜冻结束时间均比常年同期偏早。

(三)夏季(6—8月)展望

2018年夏季降水,白银、兰州、定西、甘南北部偏少20%～30%,省内其余地方偏多20%左右。6月,河西大部、陇南偏多20%左右,省内其余地方偏少10%～30%;7月河东大部分地方偏多20%～30%,省内其余地方降水偏少20%左右;8月,白银、兰州、定西、甘南偏少20%左右,省内其余地方偏多20%～30%。甘肃省夏季及各月平均气温均偏高0.5℃左右。

三、气候影响建议

(1)2018年春运第一周,全省大部分地方无雨雪天气,但由于前期1月24—30日甘肃省出现大范围的降雪降温天气,累积降雪量较大,低温持续时间较长,造成部分地方道路积冰和积雪,对交通运输有一定不利影响,建议相关部门加强公路、铁路的维护工作,确保交通运输安全畅通。

(2)春季气候条件总体对甘肃省农业生产较为有利,应抓住后春降水偏多的有利时机,有针对性地安排好春耕、春播工作;此外,仍需加强森林、草原防火工作。

(3)展望2018年夏季,除甘南及甘肃中部降水偏少外,省内其余地方偏多,各相关部门应树立防汛抗旱意识,提早疏通河道,注意防范局地强降水造成的灾害,尤其关注滑坡、塌方、泥石流多发地区。同时,要防范阶段性少雨造成的干旱。

甘肃省 2018 年汛期气候趋势预测

朱飙　林纾　卢国阳

（2018 年 5 月 2 日）

摘要：预计汛期降水河西中东部、中部、陇东降水偏多 20％左右，省内其余地方略偏少；全省气温大部偏高 0～1℃；汛期降水主要发生在 7 月中旬之前，高温和伏旱强度较 2017 年弱。

一、前期天气气候特点

气温总体偏高：今年以来甘肃省气温总体偏高，各月气温差异大，冷热不均，冷空气活动频繁，其中 1 月、2 月分别偏低 0.8℃与 1.3℃，3 月气温回升幅度大，异常偏高 4.2℃，大部分地方入春时间早于常年，4 月气温较常年偏高 1.6℃。

降水总体偏多：甘肃省多地降水异常偏多，时段分布不均，其中 1 月、4 月全省大部多于常年平均值 1.4 倍，2 月正常，3 月少 20％。

沙尘次数较少：甘肃省发生大风 162 站次，少于历年同期平均；全省 4 站出现沙尘暴，高于 2017 年，为 1961 年以来第二低值年，79 站出现扬沙，82 站出现浮尘，均为 1961 年以来最少。

霜冻灾害较重：全省 3 月大部气温偏高 4～6℃，致使河东经济林果作物物候期普遍提前 5～10 天，4 月初的寒潮与降水过程，造成多地发生较重霜冻，临夏、甘南、陇南、平凉、庆阳、天水等市州部分地方花椒、樱桃、苹果、桃李、油菜等经济作物受灾严重。

近期墒情较好：目前全省除白银市大部、庆阳市西北部、定西市北部、舟曲等地墒情较差，其余大部地区墒情较好。

二、汛期气候趋势预测

预计 5 月甘肃省降水量与历年同期相比，河西五市偏少 30％～40％，省内其余地方略偏多；5 月气温河西偏高 1℃左右，河东略偏高。6—8 月，河西中东部、中部、陇东降水偏多 20％左右，省内其余地方略偏少；全省气温大部偏高 0～1℃。汛期降水主要发生在 7 月中旬之前，区域性暴雨过程略多于 2017 年（2 次），甘肃省偏南地区易发局地强对流和极端天气。高温时段主要在 7 月中旬至 8 月上旬之间，有伏旱，但高温和伏旱强度较 2017 年弱。

三、抗旱防汛建议

（1）预计 2018 年汛期甘肃省气温起伏大，降水空间分布不均，阶段性特征明显，多雨和干旱时段可能交替出现,局地极端天气气候事件将时有发生。因此,本年度汛期气象防灾减灾形势严峻,要做到防汛、抗旱两手都要硬,提早积极做好各种应急预案,重点关注中短期天气预报和预警,把因天气造成的损失降到最低。

(2)注意局地强降水。预计汛期河西中东部、中部、陇东降水偏多 20% 左右,河西地区防灾减灾基础较差,陇东地区是暴雨易发区。建议加强防汛工作安排部署,全面排查隐患,防范短时强降水天气造成的局地洪涝、滑坡、泥石流等灾害。

附表：

荣获省级以上领导批示表

序号	题目(个例)	时间	效果或批示
1	冬季初春河东墒情差，防旱抗旱形势依然严峻	2007 年	甘肃省政府副秘书长批示：春耕生产在即，从气象条件分析看，陇东、陇中及陇南部分地区抗旱形势十分严峻，相关地区和有关部门应积极采取措施，加大抗旱工作力度，确保春耕生产顺利进行
2	小麦条锈病情陇南较重，陇东有爆发的可能	2007 年	甘肃省政府副秘书长批示：请农牧厅高度关注条锈病蔓延发展趋势，并通知陇东、陇南积极采取措施，防止条锈病大面积爆发
3	19—22 日甘肃省又将出现强降温降水天气，请相关部门注意防范低温冻害	2010 年	甘肃省政府副秘书长批示：请省各新闻单位抓紧播报此信息，以滚动稿件形式提示各市州做好防范工作
4	兰州新区建设应重视气象灾害风险防范	2011 年	甘肃省政府副秘书长批示
5	甘肃岷县漳县地震灾区 7 月以来降水偏多，预计未来一周将有两次明显降雨过程	2013 年	总理批示：请国务院前方工作组注意指导地方做好防范地质灾害和群众临时安置工作
6	6 月以来甘肃东南部降水偏少，出现伏旱	2014 年	国家气候中心报送，经采用上报国办和中办，得到国办批转
7	积极应对气候变化，加强气象防灾减灾，推进生态文明建设	2014 年	时任中国气象局局长在甘肃"陇原大讲堂"专题报告。甘肃省副省长称赞报告是一场立意高远、内容丰富的专题讲座，时代性、战略性和知识性很强
8	建设甘肃省国家生态安全屏障综合试验区应重视气象防灾减灾和应对气候变化工作	2015 年	2015 年全国政协十二届三次会议提案 4949 号，得到答复
9	未来一月降水少，气温高，甘肃省中部抗旱形势严峻	2016 年	甘肃省副省长批示：请农牧厅研判指导工作
10	近期降水与降温对农业的影响	2016 年	甘肃省副省长批示和批转：请农牧厅做好相应工作
11	目前河东旱象明显，预计 8 月上中旬旱情将持续发展	2016 年	甘肃省副省长批示和批转：请农牧厅、水利厅关注
12	近期降水使河东大部分地方旱情有效缓解	2016 年	副省长批示
13	民勤县青土湖周边地区生态及小气候变化评估报告	2016 年	武威市书记批示
14	祁连山区生态气候环境状况分析及建议	2017 年	副省长批示：请林业厅在生态保护中参考应用
15	伏期高温范围广，极端性强，甘肃省中东部伏旱明显	2017 年	中国气象局副局长批示：请气象中心关注甘肃、内蒙古等地旱情
16	甘肃祁连山区气候生态环境监测报告	2017 年	省长批示：人工增雨(雪)工作要加快实施

续表

序号	题目(个例)	时间	效果或批示
17	渭源县特色作物种植及气象灾害风险区划报告	2018年	甘肃省人大常委会副主任批示:发挥引水优势,助力扶贫攻坚,是一种成功的做法。省气象局非常重视,主动作为,组织力量在较短时间内形成了相应成果,为渭源县尊重自然规律,趋利避害做大做强做实特色产业提供了重要依据